KB135494

공학의 의미

공학의 의미

정수일, 김수영

부산대학교출판문화원

차례

우리는 친구 사이
우리는 고등학교 동기다.

가깝게 만났다가 멀리 떨어졌다가를 반복하면서 대학의 전공인 공업 활동 속에서 살아왔다. 우리 각자는 마음속으로 자신의 환경인 공학에 대해서 축적된 경험을 정리해 보고 싶었다.

정수일이가 두 사람이 가졌던 이러한 생각의 문을 열었고 김수영이도 열린 문 안으로 들어섰다.

그리고 우리는 이 책을 만들었다.

공학의 의미에 관심이 있는 사람들에게 조금이라도 도움이 된다면 정수일과 김수영은 정말 기쁘겠다.

머리말

옛날에 이름난 한 화공에게 누군가가 “가장 그리기 어려운 것이 무엇인가?”하고 물었다. 그러자 개나 고양이를 그리는 것이라고 대답했다. 그러면 가장 그리기 쉬운 것은 무엇인가 하고 묻자, 도깨비나 귀신이라고 했다. 개나 고양이는 일상적으로 보기 때문에 수염이나 털 몇 올이라도 잘못되면 당장 그게 무슨 그림이냐고 반문하게 되지만, 도깨비나 귀신은 실체가 없기에 무섭게만 그리면 되기 때문이다.

주제를 “공학의 의미”라고 했다. 독자 대부분이 공과대학의 학생이고 교수일 것이기에 “공학의 의미”라는 제목만으로 다이너마이트 옆에서 모닥불을 피우는 짓이란 것을 안다. 그렇지만 공과대학 학생들에게 단지 이 책을 읽는 데 투입하는 짧은 시간 만에 “공학의 의미”가 되새김질 되어서 정리된다면 다이너마이트 옆에서 모닥불을 지필 가치가 있다고 느낀다.

이 책의 주제를 "공학의 의미"라고 한 것은 TV에서 우연히 "정치 공학"이란 말을 듣고 그게 무슨 뜻인지 알 듯 모를 듯 뱅뱅 돌다가 결국 무슨 의미인지 모르겠다로 끝났을 때였다. 먹 근처에 있으면 검게 된다는 옛말처럼 공학의 깨끗한 이미지가 정치라는 말 곁에서 검게 칠해지는 것 같았다. 언젠가 정치하는 분들에게 정치가 무엇인지를 물었다가 무슨 말씀인지 못 알아들은 적이 있다. 혼자 생각에, 못 알아듣게 대답하는 게 정치인가 보다 했는데, 이와 달리 공학에 대해서는 못 알아듣게 설명하면 코피가 바로 터질 것이 분명하다.

공학은 목적에 따라서 여러 가지 분야로 나뉜다. 기계를 다루는 기계공학과, 장치를 다루는 전자공학과, 장비를 다루는 컴퓨터공학과, 프로세스나 공정을 다루는 화학공학과, 프로젝트(일회성 대형 사업)를 다루는 토목공학과나 조선해양공학과 등등이 대표적인 예가 된다. 그러므로 이 책은 공과대학생뿐 아니라 대학 진학을 앞에 둔 수험생들이나 수험생의 부모님들께도 공학이 무엇인지를 명확히 알려 드릴 것으로 믿는다.

책의 요지

"공학이란 무엇인가?"를 알리는 것이 이 책의 요지다. 가장 짧게는, "공학이란 제한된 자원을 인간 생활에 효율 높게 쓸 수 있게 만드는 것"이고, 조금 길게는 "공학이란 자원을 제품으로 변환하여 인간 생활에 쓸 수 있게 하는 것"이 된다. 여기서 둘의 차이는 제품의 유무다.

소재를 사용 목적에 맞도록 변환한 것을 제품이라고 하자. 제품을 만들기 위해서는 가장 먼저 제품의 목적이 주어져야 한다. 배나, 비행기나, 자동차 혹은 기차는 제품의 사용 목적이 사람과 화물을 운송하는 것이 된다. 이렇게 사용 목적이 정해지면, 어떻게 사용 목적을 이룰 것인지를 묻게 된다. "어떻게?"가 제품을 만들 때 반드시 고려해야 할 여러 가지 조건들을 불러온다. 배는 물 위로, 비행기는 하늘 위로, 자동차는 땅 위를 움직여 가며, 기차는 철도 위를 통해서라는 지켜야 할 조건들이 다르게 나타난다. 그리고 기술적 조건에서 환경적 조건, 법적 조건, 예산 조건과 시간 조건까지의 빠질 수 없는 조건들이 등장한다.

이렇게 제품의 목적과 제약조건들이 주어지면, 제약조건을 지키면서 목적을 달성할 수 있도록 하는 필수기능들이 손에 닿는다.

예를 들면 배는 물에 뜰 수 있는 부양성능, 사람과 화물을 실을 수 있는 적재성능, 출발지에서 목표지까지 갈 수 있는 이동성능이 필수적인 3가지 기능이 된다. 비행기는 공중에 뜰 수 있는 양력과 적재성과 이동성(추진력)이 3가지 필수기능이 되고, 자동차는 적재성과 이동성을 가지는 땅 위를 달리는 구조물로서 필수기능이 확정된다.

다음 단계는 필수기능들을 발현시키는 기능구조의 계획이다. 우리가 설계라고 부르는 단계가 된다. 배의 경우, 물에 뜨는 부양성은 외판과 배 바닥, 그리고 갑판으로 얻어지도록 하고, 이동성은 기관과 축계와 프로펠러의 기능배합에서 얻어진다. 비행기의 경우, 공기 중에 뜨는 양력은 날개에서 얻게 하고, 움직이는 추력은 엔진과 프로펠러 또는 제트엔진에서 얻어지도록 기능구조를 계획한다.

필수기능들이 필요한 시간에 맞춰서 발현되도록 하기 위해서는 여러 단계의 기능구조조합으로 이것을 계획한다. 제약조건과 물리법칙을 지키면서 사용할 수 있는 기능들을 단순한 단계에서부터 복잡한 단계로 짜서 올린다. 이렇게 해서 기능구조가 계획되면, 계획된 기능구조로부터 실물을 만들어 prototype 테스트를 한다. 기능구조의 계획(설계)을 실물로 만드는 것에는 소재+설비+정보+에너지+인력 등의 배합과 투입이 필요하다.

여기까지를 요약하면, 공학이란 제품의 기능구조 계획(설계)과 계획된 기능구조 조합의 제조를 위한 소재+설비+정보+에너지+인력 등의 효율적 입출력 관리가 된다.

A

공학의 의미

A. 공학의 의미

"공학이란 무엇인가?"라고 누군가가 우리에게 물어온다면, 그 대답이 곤혹스럽다. 분명 알고 있다고 느끼는데 대답은 목구멍에서 나오지 않으려고 하기 때문이다.

다시금 "공학이란 무엇인가?"라는 질문에 대해서 답을 생각해 보면, "우리들 인간의 삶에 도움이 되는 무언가(제품)를 효율적으로 만드는 것에 관한 학문!"이 된다. 이러한 대답에 따라서 공학의 내용을 크게 나누어 보면, 제품의 기획, 설계, 생산, 유통으로 나뉘고, 이러한 전체과정의 방향을 결정하는 전략적 결정과 단계별 과정의 효율적 수행을 위한 전술적 결정이 있다.

전략적 결정은

ⓐ 무슨 제품을 만들 것인지?

ⓑ 결정된 제품의 생산을 위한 원자재(소재)의 확보는 어떻게 할

것인지?

ⓒ 자본조달은 어떻게 할 것인지에 관한 것이다.

전술적 결정은

ⓐ 목표제품에 어떤 설계가 필요한지?

ⓑ 어떤 생산 계획을 구성하고 실행할 것인지?

인데, 이와 관련된 결정은 설계와 생산의 전문가들 몫이 된다.

제품의 기획과 결정이 끝나면 제품의 설계가 진행된다.

구상하는 제품에 관한 설계가 이루어지면, 이 설계의 내용을 구체적인 실체로 전환시키는 생산 작업이 후속된다. 그림 1에서 보는 것과 같이 소재로부터 부품이 만들어지고 부품이 모여서 조립품을 이룬다.

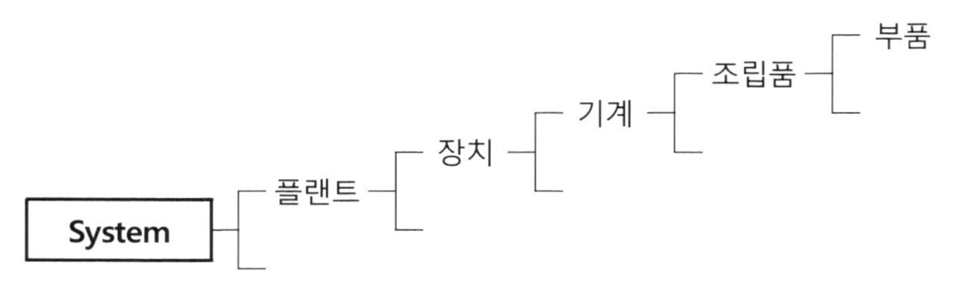

[그림 1] System의 구성 예

조립품들이 모여서 System까지를 만든다. 이러한 일반적 생산 작업의 예를 나타내면 그림 2와 같다.

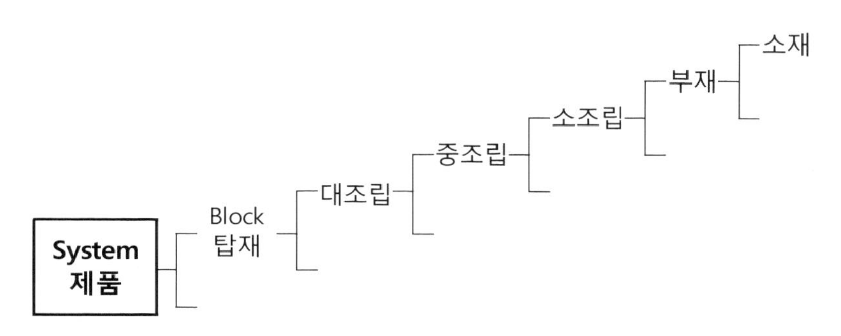

[그림 2] 생산작업의 계층화와 기능구조 조합

소재가 설계와 생산 작업을 거쳐서 제품이 되기 위해서는 소재+설비+정보+에너지+인력 등의 적절한 구성이 필요하다. 공학은 과학을 토대로 소재, 설비, 정보, 에너지, 인력 등 5가지의 조합에 관한 학문이다.

1. 과학

우리가 일상에서 누리는 모든 편의와 안락함을 차분히 생각하면 경이롭기까지 하다.

움직임에 관해서만 생각하더라도 맨발로 걷지 않을 수 있도록 해주는 양말 – 신발 – 자전거 – 오토바이 – 자동차 – 배 – 기차 – 비행기 등의 생각 나는 모두가 공학의 도움으로 개발되고, 활용되고 있다. 우리들 인간이 전문화된 영역을 나누어서 처리하는 이러한 공학적 활동은 지구상의 생물계에서 유일한 것으로 우리들 인간을 특별한 생물로 구현시키는 잣대라고 할 수 있다.

먼저, 공학의 바탕이 되는 과학을 살펴보자.

1-1. 과학의 정의

과학을 정의하면 :

사물의 현상을 설명하는 원리나 법칙을 찾는 것이 될 수 있다.

우리의 조상들은 주변에서 볼 수 있는 변화를 설명할 수 있고 싶어 했다.

예를 들면, 물이 흐르는 것, 물이 얼음으로 변하는 것, 그리고 끓어서 수증기로 되는 것을 이해하고 싶어 했다. 그래서 개별적인 현상에 대한 관찰을 토대로 공통적인 특성을 뽑아서 원인과 결과 사이의 관계를 설명하려고 했다. 이렇게 시작된 사물의 상태에 대한 합리적인 설명을 과학이라고 부른다.

1-2. 과학의 특징

① 원인과 결과 사이의 인과관계를 찾아서 이것으로 원인과 결과의 설명과 예측을 한다.

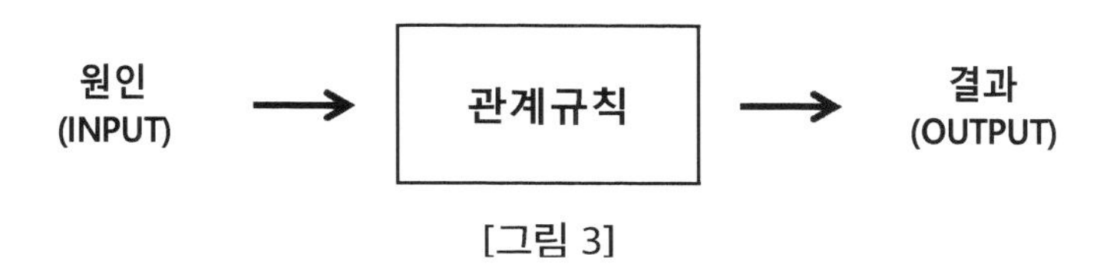

[그림 3]

ⓐ 원인이 결과보다 앞선다.

→ 결과가 원인보다 앞설 수 없다.

ⓑ 과학의 법칙(관계규칙)은 반복재현성을 가진다.

→ 같은 입력이고 같은 환경이면 항상 같은 결과가 나타나야 한다.

② 이미 증명된 법칙이나 지식을 새로운 추론과 논증에 사용할 수 있다.

③ 엄밀한 표현을 위해 수학적 표기를 사용한다.

④ 비용이나 수익을 고려하지 않는다.

과학에서는 수익과 지출은 따지지 않는다. 오로지 상태와 작용만 파악한다.

1-3. 과학적 방법

과학적 추론 방법에서 대표적인 것은 입력(원인)과 출력(결과) 사이의 관계규칙을 찾아주는 것이다.

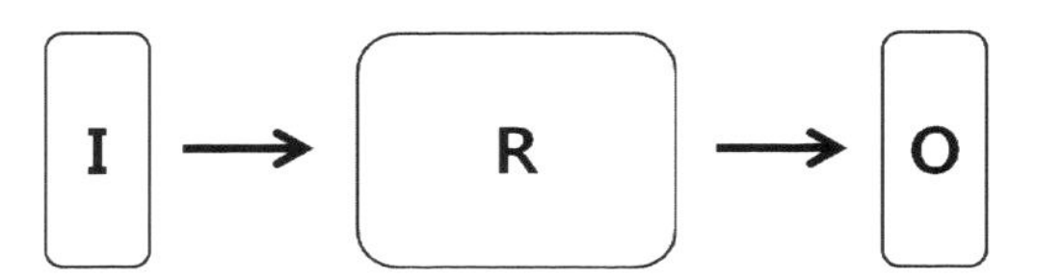

[그림 4] 입력(I), 출력(O), 그리고 관계규칙(R)

입력(I), 출력(O), 그 사이의 관계규칙(R)에 관한 논리적 추론 문제는 주어진 것과 찾는 것이 무엇인가에 따라서 다시 3가지 type으로 나눠진다.

논리적 추론의 첫 번째가 그림 5에서 보듯, 문제의 현재상태는 입력과 출력을 알지만, 입출력 사이의 관계는 모르는 것이고, 문제의 목표상태는 입력과 출력을 알면서, 이들 입출력 사이의 관계를 알아내는 것이 된다.

[그림 5] 귀납적 추론의 입력(I)과 출력(O), 그리고 관계규칙(R)

현재상태 : 입력(I)을 안다.
출력(O)을 알거나, 알 수 있다.
관계규칙 R은 모른다.
목표상태 : 입력을 안다.
출력을 안다.
관계규칙 R을 찾아낸다.

로 된다.

관계규칙은

① 개별적 관계규칙들의 목록을 만든다.

② 이에 대해 추상화를 한다.

③ 개별규칙에서 개별특성은 제거되고, 공통특성만 남는다.

④ 공통규칙을 정성적으로 나타낸다.

와 같이 4단계를 거쳐서 찾아낸다.

여러 입력과 그에 대응되는 여러 출력이 있을 때,

관계규칙은

입력 I_1 → 출력 O_1이 얻어지고, I_1과 O_1의 관계에서 R_1이 얻어진다.

입력 I_2 → 출력 O_2이 얻어지고, I_2과 O_2의 관계에서 R_2가 얻어진다.

⋮

입력 I_n → 출력 O_n이 얻어지고, I_n과 O_n의 관계에서 R_n이 얻어진다.

→ 이렇게 얻어진 1번에서 n번까지의 관계규칙 $R_1 \sim R_n$에 대해서 개별적 특성을 제거하고 나면, 입출력의 관계에서 공통특성만 남는다. 이렇게 개별적인 특성이 제거되고 공통특성만 남게 되면 이것이 바로 우리가 찾는 공통적인 관계규칙 R이다.

이처럼 관계규칙 R은 논리적 추론에서 아주 중요하다.

입력(I)과 출력(O)의 관찰 값이나 측정값으로부터 인과관계를 설명하는 규칙을 찾아주기 때문이다.

입력(I)과 출력(O) 사이의 관계를 찾게 되면, 새로운 입력에 대응하는 출력 값을 예측할 수 있고, 출력 값을 가져오는 입력 값도 추정할 수 있게 된다.

공학에서는 추상화 또는 귀납적 방법을 사용하여 관계규칙을 알아내고 이를 통해 추론문제들을 해결하는 경우가 많다. 이것은 과학적 연구방법이라고 부르는 7단계의 작업을 통해 이뤄진다.

① 과학적 7 단계 연구 방법

ⓐ 문제의 인식과 문제의 구성(문제 형성)을 한다.

ⓑ 적당한 조건 아래 관찰된 것들을 기술(목록 작성)한다. 개별적 사례들을 따라서 정리한다.

ⓒ 공통적인 원칙을 찾아서 이에 상응하는 가설 제안(귀납 추론)으로 관계규칙을 얻어낸다.

ⓓ 이 가설로부터 어떤 다른 사항들이 추론될 수 있는지 연역하고 검증한다.

ⓔ 가능한 대안들을 탐색하고 검증한다.

ⓕ 가설의 결과 예측능력을 실험적으로 검증한다.

ⓖ 하나의 이론 또는 법칙을 도출한다.

과학적 연구는 대상의 정의(Definition)를 출발점으로서 요구한다.

② 대상의 정의

ⓐ 대상의 목록을 작성한다.

ⓑ 목록에서 개별적 특성은 제거하고, 공통적 특성만 남긴다.

ⓒ 공통특성을 정성적으로 표현한다

(전체기능과 필수적인 제약이 포함되고 있는지를 확인한다).

→ 대상에 대한 정의(Definition)가 얻어진다.

③ 문제의 정의와 해결

어떤 문제를 해결하기 위해서는 현재 상태와 목표 상태를 정의할 수 있어야 한다.

그러면 문제는 현재 상태와 목표 상태 사이에 차이가 있는 것이 되고, 문제 해결은 두 상태 사이의 차이가 없어지는 것이 된다.

ⓐ 현재상태를 정의한다.

ⓑ 목표상태를 정의한다.

→ 현재상태와 목표상태 사이에 차이가 있으면, 문제가 있다.

ⓒ 현재상태를 목표상태에 일치시킬 수 있는 방법을 찾는다.

→ 현재상태와 목표상태 사이에 차이가 없어지면 문제가 해결된 것이다.

2. 공학

2-1. 공학의 정의

과학적 법칙과 지식을 토대로 제한된 자원의 활용을 다루는 학문이다.

① 과학적 법칙 : 원인과 결과의 연결을 설명하고 운동법칙 및 역학 등을 의미한다.

② 지식 : 규칙으로 정리된 정보를 지식이라고 한다.

정보 : 의미를 가지는 입력을 정보라고 한다.

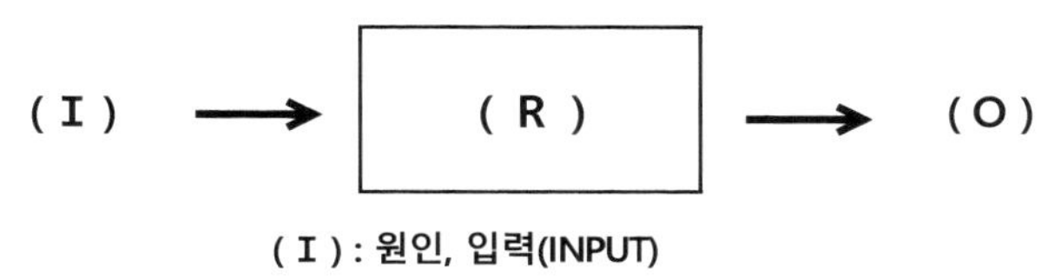

(I) : 원인, 입력(INPUT)
(R) : 관계, 규칙(Relation, Rule)
(O) : 결과, 출력(OUTPUT)

[그림 6]

잡음 : 의미를 가지지 않는 입력이거나, 입력으로 들어가서 출력에 영향을 미치지만 설계자가 관리할 수 없는 것을 말한다.

지식 : 규칙(IF ~, THEN ~)으로 정리된 정보들을 지식이라고 한다.

③ 제한된 자원 : 소재+설비+에너지+정보+인력 등이다.

Engineering의 요소는 공학에서 다루는 제한된 자원이고 이들의 조합이나 구성의 평가는 돈으로 나타낼 수가 있다.

④ 자원의 활용 : 제품의 형태로 전환 시킨 것이다.

2-2. 공학의 특징

① 과학을 토대로 한다.

과학적 지식과 법칙을 토대로 하고, 수학적 표기를 필수적으로 사용한다.

② 제한된 자원을 효율적으로 다룬다.

여기서 제한된 자원이란 공업에 필수적인 요소들인

소재+설비+정보+에너지+인력 등을 의미한다.

③ 비용을 따진다(비용이나 수익을 비교한다).

- Engineering의 평가기준을 세울 수 있다.

돈은 모든 재화-서비스-아이디어와 교환능력을 가지고 있다. 돈이 가지는 이러한 기능은 공학의 중요요소인 제품의 필수기능과 보조기능을 돈의 가치로 환산할 수가 있다. 돈이 가지는 이러한 가치 환산 능력이 기능들의 간접비교를 가능케 한다. 다시 말해, 중요한 자원인 소재, 설비, 정보, 에너지, 인력과 이들의 배합에 대한 효율성 평가가 가능하다. 그리고 이러한 공학적 자원의 투입을 평가할 수 있는 능력이 보다 나은 공학적 활동을 비교할 수 있고 선택할 수 있게 한다.

공학의 정의와 특징을 보면 공학적 방법이란 물리적 원리들이 수학적 표기로 정리되며 돈을 평가척도로 삼아서 소재 + 설비 + 에너지 + 정보 + 인력의 조합이 최소비용으로 구성되도록 하는 것을 말한다.

2-3. 공학적 방법

공학에서는 물리법칙 모두가 중요하지만, 특히 많이 쓰이는 법칙들은 다음과 같다.

① 운동법칙

ⓐ Newton의 제 1 운동법칙(관성법칙)

ⓑ Newton의 제 2 운동법칙(힘과 가속도의 법칙)

ⓒ Newton의 제 3 운동법칙(작용 반작용의 법칙)

② 열역학법칙

ⓐ 열역학 제 0 법칙(열평형의 법칙)

ⓑ 열역학 제 1 법칙(열에너지 보존법칙)

ⓒ 열역학 제 2 법칙(엔트로피 증가법칙)

ⓓ 열역학 제 3 법칙(네른스트의 열정리)

③ 보존법칙

ⓐ 질량 보존법칙

ⓑ 에너지 보존법칙

ⓒ 운동량 보존법칙

ⓓ 각운동량 보존법칙

질량과 에너지는 서로 등가관계를 갖는다.

질량은 얼어있는 에너지라고 생각할 수 있다. 이러한 질량과 에너지관계를 뉴턴과 아인슈타인은 각기 $E=\frac{1}{2}mv^2$과 $E=mc^2$으로 표현하고 있다.

E로 표시되는 에너지에 관한 식의 의미를 살펴 보자.

◎ 뉴턴의 에너지 공식

$$E=\frac{1}{2}mv^2$$

(E= 에너지, m=질량, v= 속도)

이 공식은 뉴턴의 운동법칙과 관성법칙을 기반으로 한다. 운동법칙에 따르면 물체의 운동은 그 물체의 질량과 속도에 의해 결정된다. $E=\frac{1}{2}mv^2$은 물체의 질량과 속도를 기반으로 에너지를 계산한다.

◎ 아인슈타인의 에너지 공식은

$$E = mc^2$$

(E= 에너지, m=질량, c=광속)

이 공식은 특수상대성이론에서 비롯되었다. 질량과 에너지가 동등하며(질량은 얼어있는 에너지), 상호교환될 수 있다는 의미다.

두 식의 차이는 다음과 같다.

- 뉴턴의 에너지 공식은 물체의 질량과 속도를 사용하지만, 빛의 속도는 생각하지 않는다.
- 아인슈타인의 에너지 공식은 질량과 빛의 속도를 모두 고려한다.

그러므로 두 식의 에너지(E)는 동일하지 않다.

뉴턴의 에너지 공식은 아인슈타인의 에너지 공식의 근사값이다.

뉴턴의 에너지 공식은 일상생활에서 사용되는 대부분의 경우에서 충분히 정확하다. 그러나 핵융합이나 핵분열 같은 고에너지 현상의 설명에는 아인슈타인의 공식이 필요하다.

뉴턴의 에너지 공식은 운동에너지에만 적용되는 공식이다.

즉, 물건의 운동상태에 의해서 결정되는 에너지를 나타낸다.

반면, 아인슈타인의 에너지 공식은 모든 에너지를 포함하는 공식이다.

즉, 물체의 운동상태 뿐만 아니라 물체의 질량에 의해 결정되는 에너지까지 포함한다.

그러므로 두 식의 에너지(E)는 동일한 것이 아니다.

뉴턴의 에너지 공식은 아인슈타인의 에너지 공식의 특수한 경우로 볼 수 있다.

즉, 물체의 운동사태가 낮은 경우(즉, 빛의 속도에 비해 매우 느린 경우)에는 두 식이 동일한 결과를 나타낸다.

그러나 물체의 운동사태가 높아질수록 두 식의 결과는 차이가 커진다.

아인슈타인의 에너지 공식은 질량과 에너지의 등가성을 나타낸다. 물체의 질량은 에너지와 동일하다는 것을 의미한다. 따라서 물체의 질량이 감소하면 그만큼 에너지로 전환된다.

두 식은 에너지의 본질을 설명하는데 근본적인 차이를 갖는다.

뉴턴의 에너지 공식은 운동 에너지(E)에만 적용되는 반면에, 아인슈타인의 에너지(E) 공식은 모든 에너지를 포함한다. 물체의 운동상태에 따라 두 식의 에너지 값도 차이가 나타난다.

④ 거리 역제곱 법칙

ⓐ 중력

ⓑ 빛

ⓒ 소리

ⓓ 작용력(눈에서 멀어지면, 마음에서 멀어진다.)

3. 과학과 공학의 차이

과학과 공학은 마치 맨몸과 옷을 입고 각종 도구를 사용하는 상태와의 차이처럼 현격하고 분명한 다양한 차이가 있다.

- 과학 : 사물의 현상과 상태를 설명한다(비용검토 없다).
- 공학 : 과학을 토대로 사물의 효율적 사용과 관리를 다룬다 (비용검토 있다).

그러므로 과학과 공학의 차이는 비용을 따지는지 따지지 않는지의 차이로 단순화 된다.

3-1. 돈의 교환 능력

돈은 이 세상 모든 것(재화, 서비스, 아이디어)과 교환능력이 있는 매개체다. 그러므로 이 세상 모든 가치의 계량화를 가능하게 한다. 이에 따라 모든 기능의 가치평가가 가능하다.

그래서 기능들의 절충(Trade-off)을 가능하게 해준다.

※ 돈으로 어떤 것(재화, 서비스, 아이디어, 기능, …)을 산다는 표현보다, 돈과 어떤 것(재화, 서비스, 아이디어, 기능, …)을 서로 바꾼다는 것이 돈의 기능에 대한 이해를 더 분명하게 해준다!

간단한 예를 들어보면, 서점에서 마음에 드는 책을 2만 원에 구입했다. 서점을 나와서 길을 걷다가 우연히 중학교 동창과 만났다. 반가운 마음에 길옆의 커피점에 들어가서 커피 두 잔과 케이크 두 조각을 주문하니 2만 원이었다. 그래서 방금 2만 원에 샀던 책을 계산대에 내밀었다. 책을 2만 원으로 쳐주는 기적이 일어날 수도 있지만 대부분은 돈과 책의 대접이 달라진다. 더 정확한 표현으로는 돈과 책의 교환기능이 차별받는다. 돈은 내게서나 남에게나 같은 가치 - 교환능력 - 를 갖지만, 돈이 아닌 어떤 것은 그 가치가 사람에 따라 천차만별로 달라지고 그것에 따라서 교환능력도 달라진다.

돈이 가지는 특성은 :

① 교환능력이 무제한이다(교환대상에 제한이 없다).

② 모든 가치의 직접비교가 가능하다.
현재가치, 미래가치, 연간가치, 내부수익률, 외부수익률, 수익/투자 비율(benefit-cost), 자본화 가치 등의 방법으로 대상의 가치를 계량화할 수 있다.

③ 모든 기능의 간접비교가 가능하다. 그래서 민감도 분석, 분기점 분석, 대체분석과 같은 공학적 기능들의 분석과 평가가 가능해진다.

공학에서 비용을 따진다는 의미는 공학 활동들이 소재+설비+정보+에너지+인력 등의 조합인데, 이들 구성의 평가를 돈으로 한다는 의미다. 그러므로 공학에서 비용을 따진다는 뜻은 어떤 소재를 얼마에 공급받고, 어떤 설비를 언제-어디서-어떻게 사용하는지, 정보는 어떻게 처리하는지, 어떤 에너지를 얼마나 어떻게 사용하는지, 어떤 수준의 인력을 몇 명이나 언제부터 언제까지 투입하는지의 결정(의사결정)에 관한 총체적 평가를 돈으로 환산해서 처리할 수 있다는 것이다.

4. 공학과 조건

공학은 목표제품 생산을 위한(소재 + 설비 + 정보 + 에너지 + 인력) 가장 적절한 조합을 찾는 활동이다. 그러므로 소재, 설비, 정보, 에너지 그리고 인력에 대한 제약을 반드시 검토해야만 한다. 소재에 대해서는 물성이 적합한지, 법적으로나 환경 면으로 사용 가능한지, 책정 예산 이내에 들어오는지, 시간은 지켜질 수 있는지의 검토가 일반적인 제약이다. 이러한 제약은 엔지니어링 요소 전체가 필수적이다.

공업제품을 대상으로,

4-1. 기술적 조건

공업제품은 단순한 기능에서부터 복합적 기능을 갖춘 것까지 다양하다. 복합적 기능이 요구되는 제품의 설계를 실물로 만들기 위해서는 해결해야 할 기술적 어려움이 있게 된다.

이런 경우에 :

① 현재의 보유기술로 공학적 문제 해결이 가능한가?

② 일정유예 기간 내에 개발기술로 공학적 문제 해결 가능한가?

③ 빌려서 사용 가능한가?

④ 제한된 기간 내에 필요기능 사용 불가능하다!

의 4가지 경우로 나뉠 것이다.

①~③은 비용의 차이가 있으나 현재기술로 공학적 문제해결이 가능하지만, ④의 경우는 주어진 시간 내에 당면한 문제해결이 불가능해진다.

4-2. 법적 조건

각국 정보와 국제적 기구는 제품들의 안전한 사용에 관한 규정들을 만들어서 인명과 재산을 보호하고 있다. ISO와 같은 국제기구가 대표적인데, 수많은 제품들 중에서 Project 제품의 특성을 잘 보여주는 선박의 경우를 살펴보면 4단계의 법적조건의 부과로 제품의 질을 보장하고 사용 시의 안전을 지킨다.

① IMO규정(세계 규정)

② 해사법규(국가 규정)

③ 선급규정(검사기관 규정)

④ 사내내규(회사 규정)

위의 ①~④는 조선소에서 선박이나 교량 또는 해양플랜트 제품을 만들 때 적용되는 규정으로, 모두 충족시켜야만 운항이 가능하다. 아무리 잘 만들고, 기술적으로 앞선 제품이라도 법적 조건을 만족시키지 못하면 운용될 수 없기에 상품화 될 수가 없다.

4-3. 환경적 조건(입지조건)

① 암반 : 생산 설비는 매우 무겁다. 고정된 것들이 많고, 이동식 설비도 바닥이 평평해야 한다. 암반 위에 설치된 설비가 아니면 침하되면서 기울어져서 생산을 불가능하게 만들 수가 있게 된다.

② 공업용수 : 생산에는 다량의 공업용수가 필요하고, 안정적인 공급이 가능해야 된다.

③ 에너지 공급 : 공업용수와 마찬가지로 저렴하고 깨끗한 에너지가 안정적으로 공급 가능해야 한다.

④ 양질의 노동력 : 대도시를 가깝게 두어서 양질의 노동력이 지속적으로 공급 가능해야 한다. 기업은 하나의 생명체와 같아서 신진대사-자가 복원-자기정보복제 능력이 있어야 하는데, 양질의 노동력 공급은 기업생명유지의 필수조건이 된다.

⑤ 저렴한 물류비 : 소재와 제품의 물류비가 저렴해야 시장 경쟁력을 가진다.

⑥ 노동성향 : 매우 중요한 무형의 평가 요소다.

- 예를 들어 조선소 : 입지조건+부대조건

ⓐ 선대조건 : 선반건조의 환경적 조건을 모두 만족시켜야 하며, Dry dock의 길이×폭×깊이가 선박 수주의 제한 요소로 되는 경우가 많다.

ⓑ 수심조건 : 조수간만의 차이에 구애되지 않고 흘수상태와 상관없이 입출항이 가능해야 한다.

ⓒ 선회반경조건이 지켜져야 한다.

ⓓ 친환경조건은 반드시 만족시켜야 한다.

4-4. 경제적 조건 - 이윤 창출과 시장 경쟁력

인간 삶의 모든 분야가 공업제품의 사용으로 유지된다. 이렇게 사용되는 공업제품은 기업에서 만들어지는데, 기업의 목적은 이윤추구이므로 경제적 조건(제품의 시장 경쟁력과 이윤창출)은 필수조건이다. 시장경쟁력이 있고, 이윤이 클수록 기업 입장에서는 좋은 제품이 된다. 그리고 우리는 좋은 제품이 어떤 것인지를 설명할 수 있게 된다.

그러므로 좋은 제품이란 설계요구조건을 만족시키면서, 가장 저렴하게 만드는 제품이다.

"싼 게 비지떡!"이라는 속담처럼 생산비가 적게 들수록 어딘가가 하자가 생길 가능성이 있다. 그러나 그런 약점은 시장경쟁력을 약화시킨다. 시장경쟁력 유지를 위해서는 낮은 고장률 뿐 아니라 좋은 외관과 포장이 필수적이다. 시장에는 일종의 성 선택이 적용된다. 기능 못지않게 포장이나 외형이 소비자의 관심을 끄는데 이것은 생물의 성 선택과 동일한 원리로 작동한다.

좋은 제품은 Quality + Cost + Delivery(품질 + 가격 + 납기)의 3가지 평가기준으로 판정한다.

품질은 좋을수록, 가격은 낮을수록, 납기는 빠를수록 좋은 제품이 된다.

4-5. 시간적 조건 - 제시된 기간 내의 (제품) 생산은 엄수되어야 한다.

우리 생활을 구성하는 모든 영역이 시간적 조건을 중요시한다. 저녁배달을 주문했는데, 다음날 아침에 도착한다면 수취 거부를 할 것이고, 경기 종료 선언 후에 차 넣는 공을 득점으로 인정하는 축구 경기도 없으며, 납품일을 넘긴 생산제품도 페널티가 붙거나 인수 거부를 당할 것이다. 시간적 약속은 매우 중요하다. 시간은 가치와 관계가 있기 때문이다. 만물의 가치가 변하는 요인은 3가지에 의한다.

① 첫째로, 형태가 변하면 가치가 변한다. 철광석이 철판으로 변하면. 그 가치가 철광석이 철판으로 형태변환에 들어가

는 비용보다 더 커지고, 철판이 잘려서 작은 조립물이 되면 소조립 작업에 들어가는 비용보다 가치가 더 커지고, 작은 조립물들이 합쳐져서 큰 조립물이 되면 다시금 가치가 더 더 커지고, 큰 조립물들이 합쳐져서 블록이 되면 또 다시 가치가 증대하며, 블록이 모여 배가 되면 제철소에서 만들어진 강철판과 같은 무게라도 가치가 10~20배나 더 나간다. 철광석-강판-소조립 구조물-대조립 구조물-블록-선박으로 형태가 바뀌면서 가치가 변한 것이다. 형태변화가 가치를 다르게 하는 또 다른 예는 생물계에서 쉽게 관찰된다.

② 둘째로, 공간적 위치가 변하면 가치가 달라진다. 우리나라의 대표적인 가을철 과일인 배나 사과가 유럽이나 동남아시아에 가면 가치가 급등한다. 우리나라에서 만든 청바지나 신발이 다른 나라에서 가치가 증대해서 비싸게 팔린다. 형태변화가 없어도 위치변화가 가치를 변동시킨다.

③ 셋째로, 시간에 따라 가치가 달라진다. 질 나쁜 축재수단인 매점매석은 시간의 차이가 만드는 가치변화를 악용하는 대표적인 예다. 냉동 창고나 저온 창고는 제품이나 농수산물의 시간이동을 만드는 기능을 갖는다. 겨울에 여름 과일을 먹을 수 있으려면, 냉동 창고나 아니면 비행기나 배를 통한 남반구와 북반구 사이의 운송으로 가능한데 이것이 바로 시간이동이다. 시간이동도 ⊕효과와 ⊖효과를 갖는다. "천리마도 늙으면, 젊은 둔마(짐말)에게 밀린다!"는 속담은 시

간이동의 ⊖효과를 보여주고, "뒷 물결이 앞 물결을 밀어 낸다."는 ⊕효과를 보여준다. 그러므로 공학에서 가치 창출의 3가지 요소는 형태변화-공간적 위치(장소) 변화-시간적 위치 변화이다. 이들을 각각 활용하거나 함께 묶어서 활용하거나 하는 것은 Benefit/Cost 분석으로 판단한다.

가치를 그 정의에서 살펴보면, 가치 $= \frac{\text{기능}}{\text{비용}}$ 이다. 형태의 변환, 장소의 이동, 시간의 이동에는 비용이 들어간다. 그러나 형태-장소-시간의 변화는 투입되는 비용보다 더 큰 기능의 효과를 높일 수가 있어서 가치가 높아지게 된다.

배나 비행기나 자동차나 기차와 같은 운송수단은 공간적 위치를 바꾸는 기능을 갖는 것인데, 이것은 가치 창출의 수단이 된다. 당연히 공간적 위치 변경을 하는 이동에는 비용이 들어간다. 어떤 제품을 Ⓐ라는 위치에서 Ⓑ라는 위치로 옮기면 $\overline{AB}$ 라는 동일한 가치가 창출된다. 그러나 들어가는 비용은 비행기, 자동차, 기차, 배가 다 다르다. 이미 알려진 비교에 의하면 운송비는 배가 압도적으로 싸다. 장소의 효용을 창출할 때 배의 운용이 가능한 바다는 그만큼 경제적 의미를 갖는다.

5. 공업

공학을 바탕으로 한 공업은 인간의 생활 전반에 사용되는 제품들을 생산한다. 이러한 제품생산은 제품의 기획에서 시작되어 제품설계를 거쳐서 prototype을 만들어 본다. 제품의 prototype은 실물 그대로 제작된 시제품으로서 필수성능을 검사하고, 내구성이나 안정성, 그리고 안전성을 세밀하고 철저하게 조사한다. 시제품인 prototype이 제한된 조건들을 만족시키면서 각종 평가에서 합격하면 prototype의 복제본이 대량 생산된다.

시장조사와 제품 착상에 의한 목표제품의 생산을 CEO가 내리는 것은 전략적 결정이다. 생산제품의 결정과 함께 생산에 필요한 원자재의 확보도 CEO의 몫이다. 그래서 CEO가 소재 확보와 생산제품결정을 하면, 이러한 전략적 결정을 실현하기 위해서 엔지니어링 요소의 최적 배합을 위한 전술적 결정이 이뤄지고, 이에 따라 제품의 제조가 진행된다.

제품설계에서 목표제품의 필수기능들을 구현시키는 기능구조가 처음으로 제시되면, 고유설계(Original Design)가 된다. 고유설계는 제품이 지녀야 할 주된 기능들과 이들 주요 기능을 발현시키는 기능구조가 처음으로 제시되는 것이어서 후속세대에게 새로운 설계의 틀(frame)을 제시하는 것이 된다. 고유설계를 토대로 설계요구 조건의 변경을 수용한 설계는 적응설계(Adaptive Design)가 된다. 적응(adaptive)이란 말은 변경된 조건-환경조건이나 제한조건-을 의미한다. 적응설계를 토대로 기하학적 변화를 주어서 제품의 기능을 향상하게 시키는 설계는 변형설계(Variant Design)가 된다.

고유설계-적응설계-변형설계의 예를 들면, 양력과 추력을 날개와 프로펠러에 분리해 갖춘 최초의 비행기 설계는 고유설계가 된다. propeller 추진을 jet 추진으로 바꾼 것은 적응설계이며, 동체에 붙는 비행기의 날개 위치를 동체 하단, 중간, 상단에 붙여서 여객기, 전투기, 수송기의 용도에 적합하도록 맞춘 것은 변형설계가 된다.

이렇게 제품의 설계가 완성되면 제조에 들어가는데, 이때 소재+설비+정보+에너지+인력의 최적구성이 필요하다.

공학을 기반으로 하는 공업은 "과학적 법칙과 지식으로 제한된 자원을 효율적으로 활용"하는 것인데, 제품의 생산으로 실현한다. 공업생산품인 제품은 그 제품의 요구기능에 따라서 망치나 삽이나 드라이브 같은 1개의 단순기능을 요구하는 것도 있고, 배나 비행기, 자동차처럼 복합적인 기능을 요구하는 시스템도 있다. 제품이 이러한 복합기능을 요구하는 경우는, 기능구조의 상위단계에서 제한값이 설정되게 된다. 그리고 기능구조의 상위단계에서 제한값이 설정되면 하위단계 기능들 사이에 충돌이 일어난다. 어느 한 기능을 좋게 하면, 다른 기능이 나빠지는 것이 충돌이다. 주요 기능들 사이의 이러한 충돌은 상위단계의 제한을 조정하거나 기능 분리의 원칙과 신소재, 그리고 절충으로 해결하고 있다. 제품이 지녀야 하는 필수기능을 발현시키는 기능구조 조합을 나타내면, 그림 7과 같다.

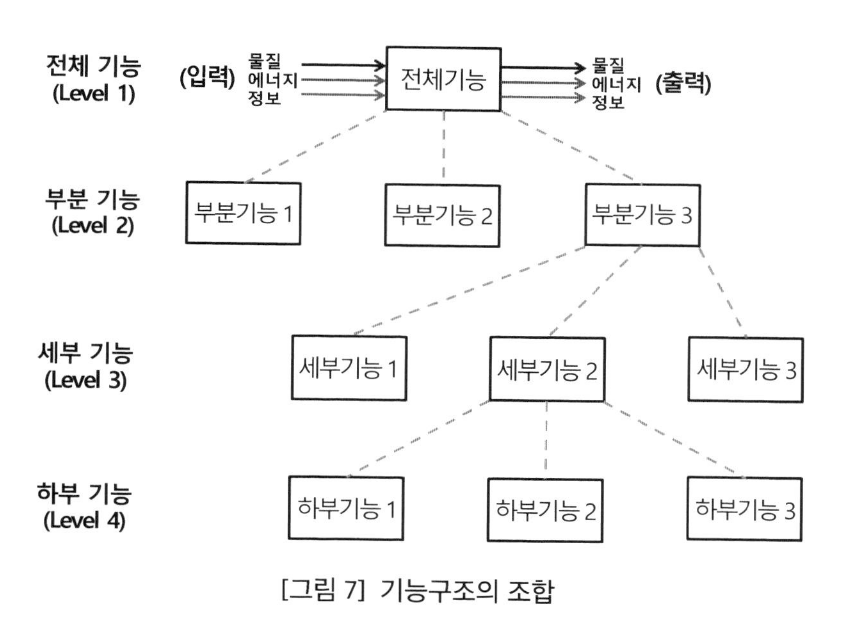

[그림 7] 기능구조의 조합

전체기능은 그림 7과 같이 각각의 기능들을 부분기능과 세부 기능 등으로 분리해서 구현시킨다. 그림 7에서처럼 전체기능을 구성하는 것을 기능구조 조합이라고 한다. 그러므로 제품의 설계는 전체기능을 갖도록 기능구조를 계획하는 작업이며, 생산은 이렇게 계획된 기능구조를 실체화시키는 작업이다.

6. 설계에서 기능충돌과 신기술, 신소재의 의미

설계는 제품의 목적이 달성되도록 제품이 지녀야 할 필수기능과 제약조건을 만족시키는 기능구조를 구체화하는 작업이며, 그 결과는 설계도와 시방서로 나타난다.

모든 공업제품은 용도에 따라 사용 목적이 정해지고, 정해진 목적을 이룰 수 있는 필수기능을 갖는다. 제품의 용도가 단순하면 요구되는 목적과 필수기능도 단순하고, 제품의 용도가 복잡하면 요구되는 목적과 필수기능들도 복합적이다. 단순기능제품과 복합기능제품의 예는 망치와 비행기로 나타낼 수 있다. 망치에서 요구되는 기능은 필요한 운동량을 힘으로 바꿀 수 있고, 그 충격에 견딜 수 있는 내구성이다. 비행기는 하늘에 떠 있을 수 있는 양력과 움직일 수 있는 추력이 필요한 필수기능이다. 그런데 제품이 복합기능을 가져야 할 때는 기능 조절을 위한 제약이 수반되고 필수기능 사이에 충돌이 일어난다. 어느 기능을 좋게 하면 다른 기능이 나빠진다. 비행기의 설계 시 우리는 가급적 동체가 가벼운 소재로 만들어질 수 있게 한다. 그것은 비행기가 가벼워질수록 연료유의 소모가 적게 되고 더 많은 화물을 운송할 수 있기 때문이다. 그럴 때 우리는 가벼운 소재를 써야 하는 기능충돌을 해결해야 한다. 가볍고 튼튼한 소재는 소재 비용과 가공비가 커지기 때문에 비행체의 설계에서도 생산비 최소 원칙에 어긋날 수 있는 경우가 예상된다. 재질이 가벼우면 강도가 약해지고 강도를 높이려면 두께를 증가시켜 동체의 무게가 늘어나는 충돌을 해결해야 한다. 그래서 복합기능제품-특히, 시스템 제품-의 설계에서는 기능충돌의 문제를 해결해야 한다. 이때의 해결책이 기능들의 절충, 기능들의 분리, 신기술과 신소재 사용 등이다.

6-1. 기능충돌

제품을 설계할 때는 가장 먼저 목표상태나 제품이 지니는 목적을 명확히 설정한다. 예를 들어 목표상태 또는 제품이 배라면 배가 지니는 목적-사람과 화물을 운송하는 것-을 분명히 한다. 이렇게 목적을 분명히 하면, 그 목적에 관련된 제약조건들이 나타난다. 목적달성을 어떻게 할 것인가? 라는 자연스러운 질문에 따라서 "물을 통해 운송"이라는 제약조건과 함께 기술적, 환경적, 법적, 경제적 그리고 시간적 제약조건들이 정해진다. 목적과 일차적인 제약조건 아래 목적달성에 필요한 필수적인 전체기능이 추출된다. 말하자면, 물에 뜰 수 있는 부양성능과 사람과 화물을 실을 수 있는 적재성능, 그리고 출발지에서 목적지로 갈 수 있는 이동성능의 3가지 성능이 나타난다. 이렇게 얻어진 필수성능을 발현시키기 위해서 각각의 기능을 발현시키는 하부기능구조를 구성하고 3개의 기능을 배라는 상위의 node에서 만나게 한다. 그리고 하부기능을 이루는 세부기능들이 하부기능 아래에 구성된다. 그런데 하부기능들이 모이는 상부의 node에서는 기능충돌이 발생한다. 하부기능들이 모이는 상부의 node에서 발생하는 기능충돌은 ⓐ 절충으로 ⓑ분리 원칙으로 ⓒ신기술로 ⓓ신소재로 ⓔ제약조건의 변경으로 해결한다. 이러한 과정을 그림으로 나타내면 :

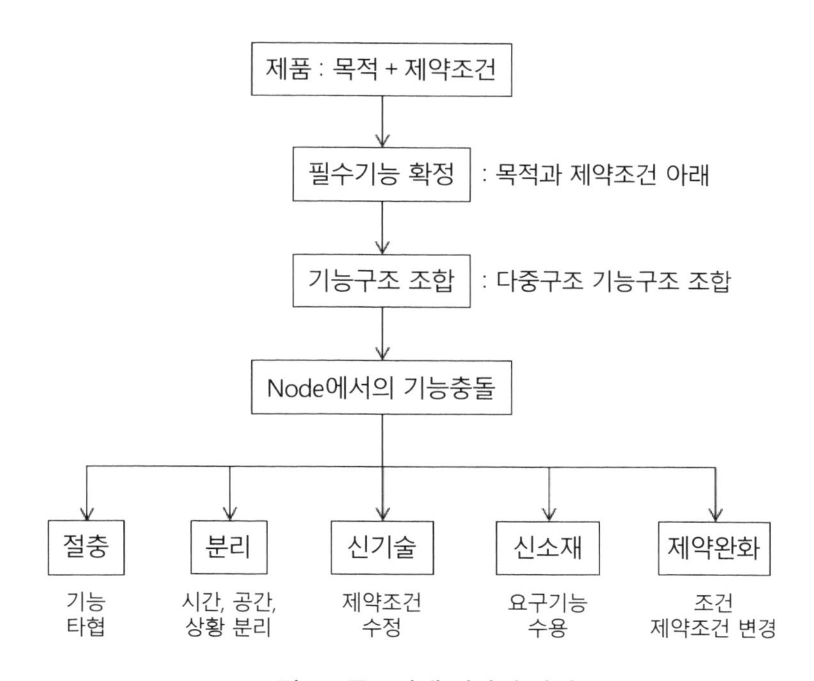

[그림 8] 목표상태 디자인 과정

으로 정리된다.

여기서 기능충돌은 왜 일어나는가? 하는 의문이 생긴다.

일반적으로 설계변수나 필수기능들은 설계자가 관리할 수 있는 서로 독립적인 것으로 선택한다. 예를 들면, 어떤 형상의 체적을 다룰 때 기하학적인 기준으로 즐겨 가로×세로×높이를 쓰는데, 가로 - 세로 - 높이는 서로 직각이다. Vector를 보면 내적이 zero로서 서로 간에 영향이 없다. 그렇지만 체적처럼 가로×세로×높이=어떤 값($x \cdot y \cdot z = c$)으로 고정되면, x(가로)와 y(세로), 그리고 z(높이)는 서로 충돌한다. 그래서 어느 한 길이가 증가하면, 다른 길이는 감소해야 한다. $x \uparrow$, y or $z \downarrow$(x가 증가하면, y나 z는 감소해야 한다) 이 예처럼 제품의 기능을 충돌시키는 전체적인 제한이 존재한다. 바로 목표상태인 제품의 가격이다. 가격을 무한대로 키울 수 없는 한 기능충돌은 나타난다. 선박 건조의 경우, 배의 건조가격에 의해 화물을 실을 수 있는 배수체적의 상한이 결정된다. 그리고 고정된 배수체적은 배의 주요 치수인 길이와 폭과 깊이 사이에 충돌을 일으킨다. 같은 원칙으로 인해 자원을 제한시킬수록 국가 간의 충돌은 격렬해진다.

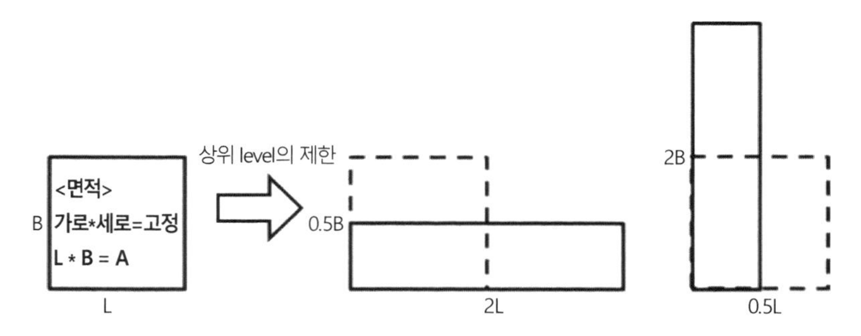

[그림 9] 2차원에서의 가로와 세로의 충돌

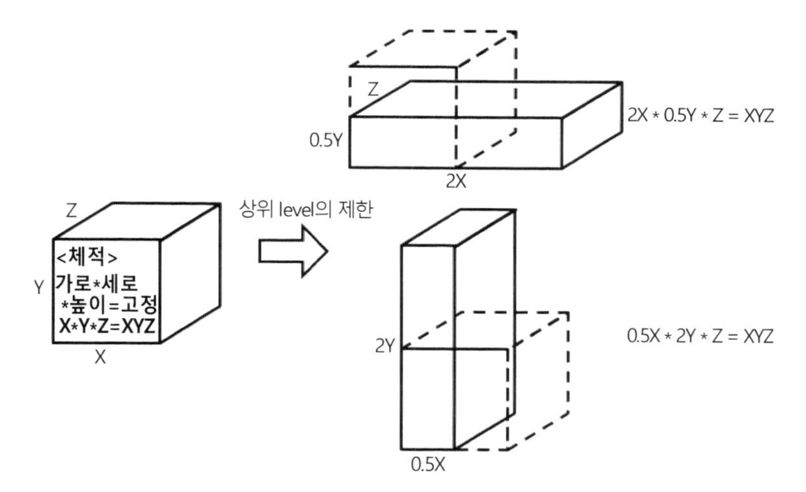

[그림 10] 3차원에서의 가로와 세로, 그리고 높이의 충돌

대상이 자연이면 상위 level의 제한값으로 인해 그림 10과 같이 기능충돌이 일어나며, 대상이 인간인 경우는 두 가지 기본본능을 유지하려는 본성이 상위 level의 제약으로 작용하여 충돌을 일으킨다. 인간에게는 제한된 자원이 개체보존본능의 요구대상인 식량과 종족보존본능의 요구대상인 유전정보 전달자가 된다. "동가식서가숙" 예에서는 이 두 가지 본능이 충돌한다. 생물학적 자원의 확보는 급격한 충돌인 전쟁의 원인이 된다.

6-2. 제품의 기능충돌

공학을 토대로 하는 공업은 제품생산으로 인간의 삶을 풍요롭게 한다.

삶을 풍요롭게 한다는 것은 안전하고, 편안하고, 편리하며, 즐겁게 해준다는 의미다.

제품은 용도와 생산비용에 따라서 천차만별로 다양해진다. 제품은 그 제품의 정의에 따라

① 필수기능

② 제약조건

이 명확하게 주어진다.

그리고 ①+②에 의해서 필수기능을 발현시키는 기능구조가 계획되고(설계), 구현(생산)된다. 제품은 요구되는 필수기능이 망치나 삽이나 드라이버처럼 단순한 것들도 있고, 배나 비행기, 자동차처럼 요구되는 필수기능이 복합적인 것도 있다.

복합기능이 요구되는 제품 중에서 배를 예로 들면, 배는 부양성+적재성+이동성을 필수기능으로 갖는 제품이다.

그런데 기능이 하나일 때는 없던 문제가 복합기능에서는 나타난다. 기능 사이의 충돌이라고 부르는 것인데 어느 한 기능이 향상되면, 다른 기능은 저하된다. 설계자의 입장에서 가장 바람직한 것은 모든 기능들이 최고성능을 나타내는 것인데, 한 기능을 강화시키면 다른 기능 하나는 약화되기에 다루기가 곤란하다. 배의 경우도 적재성을 높여서 보다 많이 실을 수 있게 하면 이동성이 떨어져서 연간운송화물량이 줄어든다.

설계자의 입장에서는 필수기능이 모두 다 좋을수록 바람직한 설계가 된다. 그런데 필수기능끼리 충돌하면, 가장 보편적인 대응은 절충을 하는 것이다. 절충이란 각각의 기능들을 일부 후퇴시키면서 최대의 효과를 나타내도록 기능들을 조절해 주는 것인데 복합성능을 특정의 평가함수로 비교하여 관리한다.

충돌문제의 또 다른 해결은 충돌하는 기능의 상위 Level에서 이들 기능들에게 직접 또는 간접으로 영향을 미치는 제약조건을 변경할 수 있다.

6-3. 신기술, 신소재

제품설계란 필수기능과 제약조건 아래 기능구조 조합을 구체화하는 작업이다. 이때 기능구조에 관한 제약을 바꾸면 신기술이 된다.

기능구조에서 충돌하는 문제를 기능구조의 상위 Node에서 법령이나 법규의 제약조건을 느슨하게 개정하여 기능충돌을 해소할 수가 있다는 의미다. 그리고 상충하는 요구를 수용할 수 있는 신소재로 기능충돌 문제를 해결할 수가 있다. 기능충돌은 기능구조 조합의 node에서 하부기능들 사이의 충돌이 나타난 것을 말한다. 그러므로 기능구조 조합의 node check이 중요하다.

기능들의 충돌은 분리의 원칙으로 해결하거나, 신기술 - 신소재로 해결한다. 분리는 공간분리, 시간분리, 상황분리 등등의 복합기능을 단순기능의 분리설치를 통해서 해결한다. 이에 비해 신기술은 기능구조 조합에 대한 제약조건을 달리 해주는 것이며, 신소재는 고유모순을 수용하는 재질의 사용으로 문제를 해결한다.

7. 공업제품의 구분

공학을 바탕으로 각종 제품을 생산하는 것을 통틀어서 공업이라고 한다. 이러한 공업제품은 발가벗은 우리를 감싸는 옷가지에서부터 먹고 마실 때의 식음료와 이것을 담는 용기, 그리고 우리가 이동할 때의 신발에서 비행기까지 도저히 모두를 열거할 수 없을 만큼 많다. 공업은 현재 문명사회의 바탕이고, 동력이다. 이런 공업제품을 분류해 보는 것은 의미가 있다. 관점에 따라서 더욱 다양하고 상세한 분류가 가능하지만, 생산방식과 연계된 분류만 해보면 다음과 같다.

7-1. 제품분류

① 조립생산품 : 분해-조립 가능한 제품으로 비행기, 교량, 자동차, 배 등으로 구성요소의 식별이 가능하다.

Process 생산품 : 분해 불가한 제품으로 약품, 화장품, 음료처럼 구성요소의 식별이 불가하다.

② 주문생산 : 다품종 소량생산-주문량이 소량이고 종류가 다양한 것

예상생산 : 대량생산 - 규모의 경제원칙 적용(자동차, 비행기, 일반제품)

③ 단순기능생산품 : 공구, 기계, 장비, 장치 등

System : 선박, 자동차, 비행기(복합기능 제품)

④ 소량생산 : 구매자의 취향 반영 높음(요트 등)

대량생산 : 구매자의 취향 반영 낮음(볼트, 너트)

이러한 제품분류 가운데 제품의 단가가 높고, 이에 따라서 이윤도 많고, 제품의 기능도 복합적인 System 제품이 있다. System 제품은 공업제품의 꽃으로서 필수적인 요구기능이 복합적이며 기능충돌이 있고 열린 system으로 작동해야 한다.

7-2. System 제품

공업이 발달하고, 경제가 성장할수록 생산제품은 다양해지면서 복잡하고 정교해진다. 그래서 마침내 system 제품에까지 이른다. 이럴 때 system의 특성을 파악하면, 설계-제조-관리에 편리할 것이다.

① 시스템의 정의

「다수의 부분들이 유기적이고, 체계적으로 결합되어 특정목적을 위해 작동하는 것」

이 정의에 맞으면 모두가 시스템이 된다. 자동차, 비행기, 배, 생물 개체, 회사, 국가 등등이 모두 시스템이 된다.

② 시스템과 환경

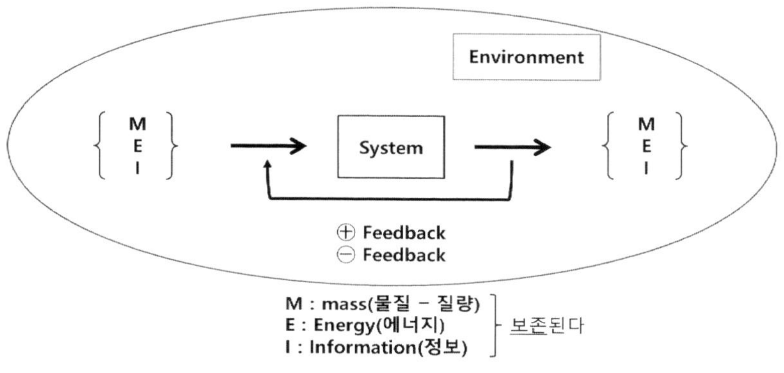

[그림 11] 시스템과 환경

System은 환경과 분리될 수 없다. system이 환경과 어떤 관계를 갖는지에 따라 system의 특성이 다르게 나타나고, system의 운용과 수명도 달라진다. 그림 11의 중심에는 system이 있고, 왼편에는 system에 들어가는 물질, 에너지, 정보가 있고 오른편에는 시스템에서 나오는 물질, 에너지, 정보가 있다. 물질의 질량과 에너지, 그리고 정보는 보존된다. system을 둘러싼 환경과의 사이에 물질과 에너지를 서로 교환하는 열린 시스템, 에너지 교환만 하는 닫힌 시스템, 그리고 물질과 에너지 교환이 전혀 없는 고립 시스템이 있다. 이것을 정리하면,

ⓐ 열린 system : 환경과 system 사이에 물질과 에너지 교환이 있다. (Entropy의 환경전가 가능)

ⓑ 닫힌 system : 환경과 system 사이에 물질의 교환은 없고, 에너지 교환은 있다. (System 내의 Entropy 증가)-태양계에서의 지구 (하루 약 4,000ton의 운석은 지구질량에 비해서 너무 작아 무시함)

ⓒ 고립 system : 환경과 system 사이에 물질과 에너지의 교환이 없다. (System 내의 Entropy 급속 증가)

그러므로 모든 공업제품은 열린 system으로 제조되어야 한다!

ⓓ Feedback : 출력의 일부가 다시 입력으로 들어가서 system의 거동을 조절하는 것
(⊕feedback : System 거동의 강화,
⊖feedback : System 거동의 약화)

Feedback은 system의 운용에서 필수적으로 쓰인다. 일상에서보다 더 자주 쓰이는 것은 ⊖feedback이다. 심지어는 우리의 몸(시스템 정의에 정확히 들어맞는다)에서도 ⊖feedback이 생명유지에 일상적으로 쓰인다. 우리 몸이 감염되면 체온이 오른다. 그럴 때 체온이 낮춰지지 않으면 단백질로 된 뇌가 열에 의해 굳어진다(날달걀을 삶으면 열에 의해 흰자가 딱딱하게 굳어지는 것과 같다). 그렇게 되면 죽거나 천행으로 살더라도 바보가 된다. 그래서 우리 몸은 체온이 오르면 이것을 감지하여(⊖feedback으로) 땀을

흘리게 해서 체온을 낮춰준다. 이처럼 시스템 거동을 관리할 때, ㊀feedback의 쓰임이 훨씬 더 많고 중요하다.

③ 시스템이 갖는 공학적 문제 : 모든 시스템이 가질 수 있는 문제 유형은 5가지로 정리된다.

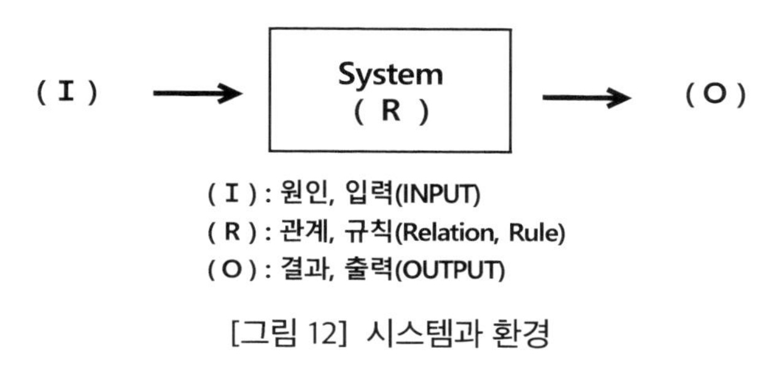

[그림 12] 시스템과 환경

ⓐ I + O ↷ R = ?

: 귀납 추론 문제(원인과 결과로부터 관계를 찾는 것)

ⓑ I + R ↷ O = ?

: 연역 추론 문제(원인과 관계규칙으로부터 결과를 찾는 것)

ⓒ R + O ↷ I = ?

: 추정 문제(결과와 관계규칙으로부터 원인을 찾는 것)

ⓓ I, R, O의 내용을 명확히 함

: System 분석

ⓔ 주어지는 평가기준을 최적화하는 I, O 또는 R을 결정

: System 최적화

이렇게 5가지의 문제유형이 있다.

공학에서는 5가지 문제유형이 뒤섞여 나타나지만, 이들 중 가장 중요한 것은 원인과 결과로부터 이들 사이의 관계규칙을 찾아내는 연역추론이다.

8. 공학의 핵심 요소와 이들의 운용

공학운용은 Engineering이라고 통칭한다. Engineering을 정의하면 :

제품의 생산목적에 따라 소재+설비+에너지+정보+인력 등을 최적의 조합으로 구성하는 것

공학의 운용요소에 따른 정리를 해보면 :

8-1. 소재

소재는 어떤 것을 만드는데 바탕이 되는 재료로서 ① 재질, ② 비용 조건을 만족시켜야 한다.

① 재질의 물성은 제품 생산의 요구조건을 만족시켜야 한다.

② 소재비용과 소재의 가공비용의 합은 소재 예산을 초과할 수 없다.

소재선정 기준을 살펴보면 ;

- 소재를 제품으로 변환할 수 있는 물성을 보유해야 한다.
- 소재를 제품으로 변환하는 데 드는 비용을 비교하고, (소재비+가공비)를 기준으로 전체 소재비를 평가해야 한다. 이때,

초기비용은 소재의 구매비용으로 고정비가 된다. 그리고 변동비는 소재를 제품으로 변환시킬 때 들어가는 비용이 된다. 그러므로 소재에 들어가는 총비용은 고정비+변동비가 되고, 변동비에는 소재구입비와 소재변환비가 있다. 따라서 소재에 들어가는 총비용이 최소가 되려면, 소재구입비뿐 아니라 소재의 가공비도 반드시 고려해야 한다.

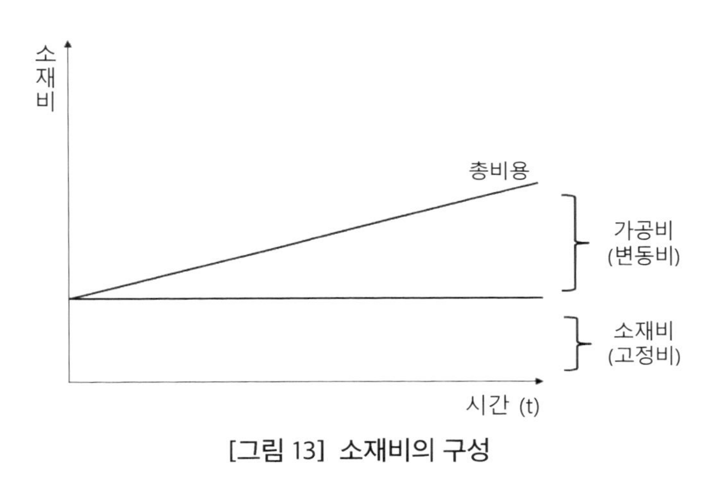

[그림 13] 소재비의 구성

그림 13은 소재비의 단순구성 내역을 나타낸다. 총소재비 = (소재구매비+소재가공비)가 되며, 소재의 물성조건을 만족시키고 나면, 소재의 총비용이 제품생산의 원가를 구성한다. 여기서 일반적으로 소재비가 싸면, 가공비가 많이 들고, 소재비가 높아지면, 가공비가 낮아지게 된다. 그러므로 물성조건을 만족시키는 소재들 각각에 관해서 그림 13과 같이 총소재비의 검토가 필요하다.

ⓐ 소재(선정) : 고정비 + 변동비 = 총비용

ⓑ 신소재 : 공학적 충돌문제 해소기능을 갖는다.

공업제품 중에서 system 제품 등은 그 제품이 반드시 갖춰야 할 필수기능들이 있다(예를 들면, 배는 물에 뜨는 부양성능과 사람과 화물을 실을 수 있는 적재성능과 출발지에서 목적지까지 갈 수 있는 이동성능이 필수기능이다). 그래서 이들 필수기능은 기능발휘가 잘 될수록 전체성능이 좋게 된다. 그런데 대부분은 어느 한 성능이 좋아지면, 다른 성능이 나빠지는 연동관계가 있어서 필수기능끼리 서로 충돌한다. 이때의 충돌이란 어느 한 기능이 좋아지면, 다른 기능을 나빠진다는 의미다. 그래서 두 기능의 절충으로 충돌문제를 해결한다. 그런데 신기술이나 신소재는 충돌문제를 절충시키지 않고 해결시킨다. 예를 들어, 비행기나 배나 자동차는 그 구조가 가벼울수록 더 많은 화물을 실을 수 있고, 더 빠르게 갈 수 있다. 그러나 구조가 가벼우면 튼튼하지 못해서 깨어질 위험이 있다. 그래서 가벼우면서도 튼튼한 구조재료가 필요하다는 모순이 나타난다. 그런데 신소재는 일거에 이 문제를 해결한다. 티타늄이나 고장력강은 가벼우면서도 튼튼한 물성을 가졌기에 단숨에 이런 문제를 해결한다. 그러나 여기에도 소재비용이 많이 든다는 문제가 있다. 그렇지만 국방제품에서는 비용이 많이 들더라도 감내하는 것이 또 다른 원칙이다.

8-2. 설비

여기서 설비란 생산설비를 의미한다. 먼저, 생산이란 소재를 제품으로 변환하는 것 또는 돈이 되는 것을 만드는 것이 된다. 생산설비 중에서 자주 사용되는 것들은 기계, 장치, 장비가 있다. 기계는 일을 쉽게 할 수 있도록 해주는 도구인데, 특히 에너지를 변환하는 도구를 말하며, 장치는 소재를 변환하는 도구이고, 장비는 정보를 변환하는 도구이다.

① 생산도구

- 생산 : 소재를 제품으로 변환하는 것.
  넓은 의미로 돈이 되는 것을 만드는 것
- 기계 : 에너지를 변환하는 기구
  (일을 쉽게 하도록 해주는 도구)
- 장치 : 소재를 변환하는 도구
- 장비 : 정보를 변환하는 기구

② 설비

설비는 소재를 제품으로 변환하는 도구로서, 기계-장치-장비가 적절한 생산 목적을 위해 체계적으로 구성된 것이다.

제품의 생산량에 따라서 설비의 선정이 달라진다. 설비의 선정은 그림 14에서 보듯 생산량에 따른 경제성에 맞춰서 선정된다.

ⓐ 범용설비 : 생산량이 적은 경우

(고정비가 낮고, 변동비가 큰 것이 유리하다.)

ⓑ NC(Numerical Control)설비 : 생산량이 적당량 이상

(고정비와 변동비가 어중간하다.)

ⓒ 전용설비 : 생산량이 일정수량 이상인 경우로 나눠진다.

(고정비가 높더라도 변동비가 낮다. 그래서 총비용이 낮다.)

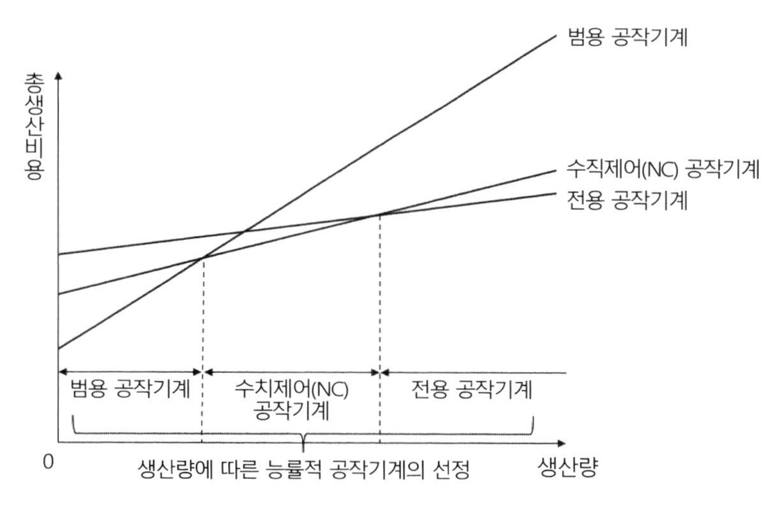

[그림 14] 생산량에 따른 설비선정 기준

③ 설비의 선정

생산설비는 생산량에 따라서 경제성이 좋도록 선정된다. 소재를 제품으로 변환하는 능력을 갖춘 도구의 선정은 우선하여 그 설비가 생산목적에 맞게 사용될 것인지가 된다. 그러고는 생산량에

따른 설비 선정이 진행된다. 그림 14는 생산량에 따른 설비선정의 분석도이다. 가로축은 생산량, 세로축은 생산비용을 나타낸다. 소량 생산 시에는 낮은 고정비에 높은 변동비를 갖는 범용공작기계가 경제성이 좋고, 중간급의 생산량이면 좀 더 높은 고정비와 좀 더 낮은 변동비의 기울기를 가지는 수치 제어 기계가 더 경제적이다. 그러다가 생산량이 대량화되면, 높은 고정비에 낮은 변동비의 기울기가 총비용을 더 낮게 만든다. 고정비와 변동비의 합으로 나타나는 총비용의 비교는 설비의 선정에 적용되는 기본 원칙이 된다.

④ 설비의 대체

생산설비는 그 자체의 기능이 그대로 유지되더라도 새로운 설비로 현재설비를 대체할 필요성을 정기적으로 검토해야 한다. 그 이유는 현재설비의 높은 가동비용, 과다한 유지비, 에너지소비 과다, 생산효율성 약화, 물리적 손상 등의 지속적 설비 유지의 부정적인 요소나 작용이 증대하는 반면에, 대체설비는 낮은 가동비용, 저렴한 보수유지비, 에너지 소비 절약, 환경부담 경감, 생산효율성 향상, 신기술 활용, 소비자 취향변동 반영 등의 긍정적 요소와 작용이 증대하기 때문이다. 현재보유설비의 부정적 요소와 작용을 돈으로 환산하고, 잠재적인 대체설비의 긍정적 요소와 작용을 돈으로 환산하여 비교하면 (benefit/cost 분석이나 benefit - cost 분석으로) 대체여부를 판단 할 수 있다.

⑤ 설비대체시점

대체분석으로 설비대체가 필요하다고 결정되면, 대체시점을 결정해야 한다. 대체시점은 총비용이 감소하다가 증가하는 turning point 시점이 좋다.

⑥ 우리 주변을 보면 경제적인 대체시점이 지나도록 설비대체를 미루는 경우가 많다.

그 이유를 정리하면 :

ⓐ 기존의 설비로도 회사가 흑자 운영되고 있다.

ⓑ 기존의 설비가 정상적으로 가동되고 있고, 수용할 만한 품질수준의 제품을 생산하고 있다.

ⓒ 신규 설비의 비용 예측에는 위험과 불확실성이 따르지만, 기존 설비의 비용은 상대적으로 확실히 파악된다.

ⓓ 설비의 대체에 관한 결정은 현상을 그대로 유지하는 것보다, 미래에 깊숙이 관계하는 일이 된다.

ⓔ 경영진은 고가의 설비대체에 대해서는 보수적인 경향이 있다.

ⓕ 신규 설비의 구입자금은 제한을 받지만, 기존 설비의 유지자금은 비교적 덜 제한을 받는다.

ⓖ 문제가 되는 설비가 제공할 서비스에 대한 장래의 수요가 상당히 불확실할 수 있다.

ⓗ 매몰비용이 설비의 대체에 심리적인 부담을 준다.

ⓘ 미래에 있을 기술발전에 대한 기대감 때문에, 기다려 보자는 자세로 현재의 낡은 장비를 계속 보유할 수도 있다.

ⓙ 신기술을 채택하는 데 앞장서기가 찜찜해서, 당장 대체하기보다 경쟁자가 먼저 행동하기를 기다린다.

8-3. 에너지 - 물체나 물체계가 가지는 일을 할 수 있는 능력

에너지가 일로 전환될 수 있는 것은 온도차가 있기 때문이다.

(지구에서 일을 할 수 있는 것은 태양과 지구의 극단적인 온도차가 있기 때문이다. 온도차가 없으면, 아무리 높은 온도라도 에너지가 열로 전환될 수 없다.)

① 에너지의 특성

ⓐ 보존된다.

ⓑ 일의 단위를 갖는다.

ⓒ 질량(Mass)은 얼어있는 에너지다. $E = mc^2$

ⓓ 에너지를 일로 전환시키는 것이 기계다.

ⓔ 에너지는 100% 일로 전환되지 않는다.

② 이러한 특성을 갖는 에너지는 공업의 유지에 필수적이다. 청정에너지의 확보는 공업의 경쟁력 그 자체가 된다.

8-4. 정보

정보는 입력 중에서 그 상황에 의미가 있는 것을 지칭한다.

예를 들면, 강의 시간에 학생들은 눈, 귀, 코, 입, 피부를 통해서 시각-청각-후각-미각-촉각의 5가지 입력이 지속적으로 유지된다. 이 때 선생님의 말은 그 과목의 이해에 의미를 가지기 때문에 정보가 되지만, 교실 밖에서 들려오는 자동차 소리나 옆자리에 앉아서 딴 말을 소곤거리는 친구의 이야기는 의미를 갖지 않기에 잡음이 된다.

① 정보 : 입력 중 의미가 있는 것으로서, 엔트로피의 역수로 정의된다.

정보(Information) $= \frac{1}{S} = \frac{1}{k \log p}$

(S : 엔트로피, p: 확률, k: 비례상수)

ⓐ 입력들의 기본 단위

- Data → Data Base : data는 단편적인 입력요소로서 정보가 될 수도 있고, 잡음이 될 수도 있다.
- 지식 → Knowledge Base : 지식은 규칙으로 정리된 정보들을 말한다. 이때의 가장 간명한 규칙은 IF ~, THEN ~으로서, 처리속도만 빠르면 고등수학을 압도한다.
- 사례 → Case Base : 사례는 규칙으로 정리된 지식으로서 대형 system건조 실적은 case base에 정리, 저장된다.

ⓑ 입력(질량, 에너지, 정보) : 공업에서 입력은 3가지로 압축된다. 제품제조에서도 소재와 에너지와 관리정보가 필요한데, 이것이 바로 투입(입력)되는 3가지다.

ⓒ Entropy : 정보의 측정 단위, 엔트로피는 물질이나 상태의 변화방향을 나타내는 확률적인 개념이다. 물질의 변화는 발생확률이 낮은 규칙적이고 질서 있는 상태에서 발생확률이 높은 불규칙적이고 질서가 없는 상태로 변화하는 방향으로 진행된다. 발생확률이 높은 상태를 엔트로피가 높다고 하고, 발생확률이 낮은 상태를 엔트로피가 낮다고 한다. 그러므로 변화는 엔트로피가 낮은 상태에서 엔트로피가 높은 상태로 진행된다. 이를 다르게 표현하면 만물은 질서가 있는 상태에서 무질서해지는 상태로 변화한다. 그래서 엔트로피가 증가하는 변화를 시간의 방향이라고 한다. 그런데 정보는 의미가 있는 것-질서가 있는 것-이므로 무질서의 정도를 나타내는 엔트로피(S)는 질서의 역수로 나타낼 수 있다. 즉, 정보 $i = \frac{1}{S}$ 이고, 엔트로피 $S = \frac{1}{i} = \frac{1}{\text{정보}}$ 가 된다.

② 정보와 잡음, 그리고 설계변수는 헷갈리기가 쉽다. 그래서 재정리를 해본다.

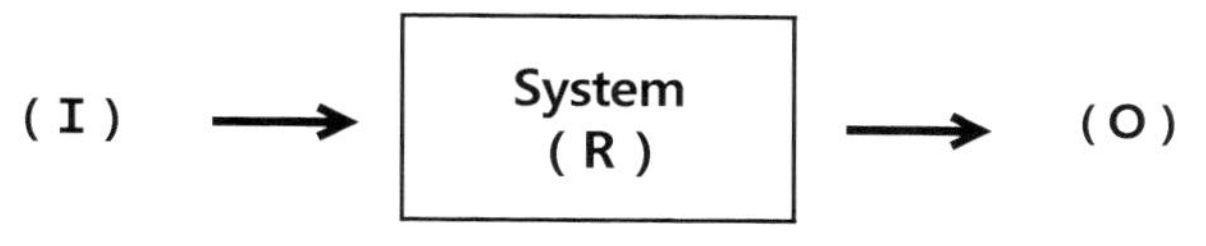

(I) : 원인, 입력(INPUT)
(R) : 관계, 규칙(Relation, Rule)
(O) : 결과, 출력(OUTPUT)

- 입력(I : Input)으로 system에 들어가서 출력(O : Output)에 영향을 미치는 것은 두 종류로 나눌 수 있다. 먼저, 그 상황에 의미가 있는 것과 의미가 없는 것의 구분이다. 의미가 있는 것은 정보라고 하고, 의미가 없는 것은 잡음(noise)이라고 한다.

I { 정보 : 의미 있는 입력
잡음 : 의미 없는 입력 }

- 다음으로 우리가 관리(control)할 수 있는 입력과 관리할 수 없는 입력의 구분이다. 관리 가능한 입력을 설계변수라고 하고, 입력으로 들어가서 결과에 영향을 미치지만 관리 불가능한 입력을 잡음(noise)이라고 구분한다.

I { 설계변수 : 관리 가능한 입력
잡음 : 관리할 수 없는 입력 }

- 정리하면,

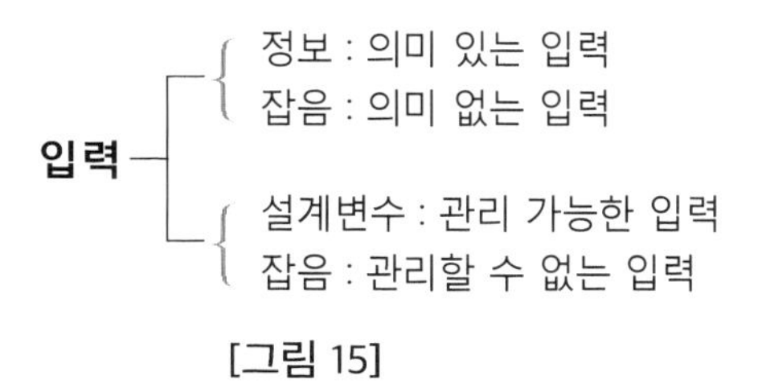

[그림 15]

• 통상적으로는 관리 가능한 입력(설계변수)을 최적의 값으로 맞춰서 system engineering의 효율을 높이는 데 주력한다(연구 보고서, 논문 등의 내용이 거의 우리가 관리 할 수 있는 설계변수를 초점에 맞춘다). 그러나 이에 못지않게 입력으로 들어와서 결과인 출력에 분명한 영향을 미치지만, 우리가 관리할 수 없는 잡음에 민감하지 않은 system도 매우 중요하다. 잡음에 민감하지 않고 둔감한 system을 강건한(robust) system이라고 한다.

③ 정보의 관리 : 학의 중요 자원은 소재-설비-에너지-정보-인력이 된다. 생산 시스템에서 설비와 인력은 system에 고착된 데 반해서 소재는 들어가서 가공되는 동안 형태의 변환을 이루며 움직인다. 정보는 가공작업 전반에 관여하면서 작업을 control 한다. 에너지는 작업의 전 단계에서 공급되면서 소재가 제품이 되도록 일을 할 수 있는 힘을 공급한다. 그러므로 자원(resource) 5가지 요소 중에서 설비와 인력은 system 내부에 고착되고, 소재, 정보, 에너지는 system을 통과하며 흐른다. 이때의 관리 정보는 ERP(Enterprise Resource Planning)로 통제되고 있다.

ⓐ ERP System의 정의

ERP(Enterprise Resource Planning)란 일반적으로 '전사자원

관리 시스템'이라 부르는데, 용어 자체를 개념적으로 해석하면, 기업체가 동원할 수 있는 모든 자원, 즉 자금, 인력, 시간, 자재 등을 최적으로 배분하여 투입함으로써 기업 실적의 극대화를 기하는 것으로 기업경영의 전부라 할 수 있다. 그러나 구체적으로는 "기업의 영업, 재무/회계, 설계, 생산, 자재/물류, 생산지원, 인사, 품질, 안전/환경 등 모든 업무 Process를 지원하는 기업업무처리 정보시스템"이라 할 수 있다.

ERP란 1970년대 미국의 한 S/W회사가 자사의 업무통합형 기업용 S/W제품에 ERP라는 용어를 처음 붙여서 사용하였는데, 이를 Gartner와 매스컴 등에서 'ERP Package'라고 부르기 시작하면서 보편화된 용어이다. 현재는 기업의 업무 프로세스를 전체적으로 통합시켜 주는 업무용 소프트웨어를 관습적으로 지칭한다. 또 CRM(고객관리 Customer Relationship Management), SCM(공급망관리 Supply Chain Management), PLM(제품 수명주기 관리 Product Lifecycle Management) 등과 통합하는 경우 일반적으로 확장형 ERP라고 한다.

ⓑ ERP의 유래

ERP의 모태는 MRP(Material Requirement Planning)라고 하는 생산에 필요한 자재소요(조달)계획에서 출발했다고 보는 것이 일반적이다. MRP에 물류부문, 구매, 회계부문 등이 추가되어 이른

바 MRP II로 확장되었으며, 다시 영업, 설계, 생산, 인사 등의 부문으로 확장되어 ERP가 되었으며, 오늘날에 이르러 기업의 모든 업무처리를 지원할 수 있는 통합정보 시스템으로 발전하였다. 이는 전산기술의 관점에서 보면 시스템 기저(Foundation)에서 새로운 기술들에 의한 새로운 기능들이 추가되는 시스템의 확장(System Extension)을 의미하며, 업무관점에서 보면 시스템이 지원하는 업무영역의 확대를 뜻한다.

ⓒ ERP에 대한 세 가지 관점

ERP는 보는 관점에 따라서 여러 가지로 해석될 수 있는 시스템이자 도구이기도 하므로 각각의 시각에서 ERP를 음미해 볼 수 있는데, 일반적으로 다음의 세 가지 관점을 들 수 있다.

<기업업무처리 정보시스템으로서의 ERP>

ERP 원래의 정의에 따른 시각으로, 기업에서 일상적으로 수행하는 거의 모든 업무 Process를 일관되고 통합된 환경에서 처리하는 것을 지원하는 업무 Process 중심의 정보시스템이다. 하나의 업무 Process를 작은 단위의 Sub-Process들로 세분해 보면, 다른 업무 Process들에도 공통적으로 사용되는 Sub-Process들이 있음을 알게 된다. 이러한 공통의 Sub-Process들을 시스템에 내장하여, 모든 Process가 공유하면서 사용할 수 있게 하는 시스템이다. 전산기술의 관점에서 보면 고유한 기능을 수행하는 Function Library

를 잘 갖춘 것으로 볼 수 있지만, 기업업무 관점에서는 작은 단위의 공통적인 업무 Sub-Process 공유, 재활용을 극대화한 것으로 시스템을 업무관점에서 구성, 개발할 수 있는 시스템이다.

<경영정보 시스템으로서의 ERP>

ERP를 도입, 활용하게 되면, 영업에서 제품 인도 후 사후관리까지의 모든 정보들이 생성, 성숙, 재활용되면서 단일 Database에 축적되며, 그중에서 크고 작은 각종의 계획 관련 정보들은 계획 수행 후의 실적관련 정보도 갖게 된다. 이들은 기업에서 주요 분야들의 관리를 위한 지표들, 이른바 핵심성과지표(KPI, Key Performance Indicator) 형태로 계량화하여 객관성 있게 현황을 Monitoring/관리 할 수 있게 한다. 기업 활동의 모든 단계에서 기업운영현황, 즉 재료비/인건비 투입계획 대 실적, 생산일정계획 대 실적, 생산량과 생산능률 등의 생산관련지표는 물론, 최종 결과로서 매출, 원가 및 수익, 자금흐름 등의 전반적 재무 정보 형태로 분석제공 될 수 있음을 말하며, 이는 곧 기업의 모든 경영정보를 실시간으로 정확하게 파악할 수 있음을 의미한다. 또한 계획 단계에서는 기업의 전략적인 목표를 반영할 수 있으며, 현황을 Monitoring 하여 문제의 사전예방이나 문제 발생 시에 대한 대책수립의 기회도 제공하며, 실적을 분석하여 차후의 계획수립에 Feedback 할 수 있게 한다. 시스템 관점에서 보면, 이는 축적된 정보들을 의미 있게 분석, 제공한다는 부수적인 기능이지만, 기업경영 관점에서는 무엇보다 중요한 의미를

갖는 정보들이므로 ERP는 경영정보시스템(Executive Information System)으로 간주하기도 한다.

<업무혁신 도구로서의 ERP>

ERP를 구축한다는 것은 기업업무 Process를 전산시스템에 Mapping 한다는 것을 뜻한다. ERP를 구축할 때는 일반적으로 모든 업무 Process를 재점검, 표준화하는 작업을 선행하게 되는데, 이를 PI(Process Innovation) 혹은 BPR(Business Process Re-engineering)이라고 하며, 이 과정에서 업무 Process의 개선 및 혁신이 일어나게 된다. 즉, PI 과정에서 ERP에 포함된 소위 'The Best Practice, Global Standard'와 기업자체적으로 확립된 고유의 Process를 비교, 개선하는 일들이 일어나고, 이는 타 Process들과의 상승효과를 유발하는데, 이들을 시스템에 심어 그 효과가 지속되게 한다는 점에서 ERP는 그 자체가 하나의 강력한 업무혁신 도구로 간주할 수 있다. 6시그마와 같이 업무혁신을 표방하는 방법론들이 있지만, 일회성의 발표로 끝나 지속적 효과 유지에는 의문이 있다는 점에서 ERP에 의한 업무혁신과 차별화된다. 수십 년에 걸쳐 확립된 기존의 업무 Process를 버리고, Zero Base에서 출발하여 모든 업무 Process를 재점검, 확립한다는 것은 쉬운 일이 아니므로, 최고 경영층의 지원 하에 강력하게 추진되어야 하는 전사 규모의 업무혁신이 ERP 구축 과정에서 이루어질 수 있는 것이다.

ⓓ ERP의 특징

ERP는 정보기술 관점에서 통합정보시스템이며, 기업업무관점에서 보면 Process 중심의 기업 업무처리 시스템이며 전사적 규모 경영정보시스템임과 동시에 경영/업무혁신 도구이기도 한 특징을 갖는다.

ERP가 가지고 있는 사상적 측면은 별도로 하고 ERP 자체가 가진 기능적 특성을 보면 다음과 같다.

<모든 업무영역의 시스템적 통합화를 지원>

기능별 최적화가 아니라 전사적 최적화를 목적으로 하며, 업무처리의 일관성과 통합성뿐 아니라 DB(Data Base)의 통합, 공유도 전제로 하므로 한번 입력된 정보는 가공 없이 타 부서 혹은 후행단계에서 그대로 이용할 수 있게 한다.

8-5. 인력

공업에 투입되는 인력이란 Engineering의 구성요소로서 소재-설비-에너지-정보의 관리와 사용을 위해 육체적 노동과 정신적 노동을 할 수 있는 사람들을 의미한다.

참고로 기계화는 인간의 육체노동을 기계에게 맡긴 것이고, 자동화는 기계화의 관리마저 기계에게 맡긴 것으로서 기계화된 기계를 기계가 관리하는 것을 의미한다.

노동이란, 자기 자신과 가족 및 국가 사회를 위해 육체적 또는 정신적 노력을 하는 것으로 노동이 갖는 대승적기여가 바탕에 있다.

단순히 자기 자신과 가족을 위해 일하는 것은 노동이 아니다.

양질의 노동력이란, 심신이 건강하고 T자로 표현되는 지식을 갖춘 인력을 말한다. T자에서 "|"는 전공 분야 또는 전담 분야의 지식으로서 깊고 잘 정리되어 있어야 한다. "ㅡ"는 전공 또는 전담 분야가 아닌 타 영역의 지식으로서 깊지는 않더라도 넓게 퍼져 있어야 한다. 그래서 전공분야의 문제들을 잘 처리할 수가 있다는 의미이다.

9. 존속기간의 예측

이 세상의 모든 것 - 생물이건, 무생물이건, 사회적 관계이건, 어떤 상황이건 - 은 존속기간이 있다. 달리 말해 시작과 끝이 있다. 어떤 위대한 건조물도 시작이 있고 끝이 있으며, 어떤 위대한 삶도 출생이 있고 사거가 있다. 또 다르게는 불변한 것처럼 느껴지는 감미로운 사랑도 시작이 있고 끝이 있으며, 영원할 것 같은 태평스러운 평화도 시작이 있고 그 끝이 있다.

우리들 인간은 공업화에 기반을 둔 눈부신 문명과 문화를 이루었다.

우리들 인간이 이룩한 문명과 문화는 엄지손가락이 있어서 도구를 사용할 수 있고, 언어와 글자를 가져서 정보를 축적하고 전달할 수 있다고 하지만, 우리들 본성에 호기심이 없었다면 현재문명과 문화는 불가능한 경지였을 것이다. 그러니까 호기심이 있어서 추진력도 있다.

우리들 호기심은 모든 방면을 향하고 있지만, 무언가의 존속기간에도 호기심은 크다. 그러니까 존속기간의 예측에 관심이 있다.

존속기간 – 무엇인가의 존속기간 – 의 예측은 크게 2가지로 할 수 있다.

① 논리적 추론 : 기능구조 분석을 통해서 예측한다.
(기능구조에 대한 안전진단)

② 평범성 원리 : 시간에 관한 평범성 원리로 예측한다.
– 논리적 추론에서의 연역추론

9-1. 논리적 추론에 의한 존속기간의 예측

이것은 과학적 증거들을 모아서 대상의 기능구조를 구성하고, 필수적인 전체기능을 구현하는 부분기능들의 활성정도와 부분기능들 사이의 충돌상황을 분석하여 각각의 기능들의 활동기간을 예상한다. 전체기능의 존속수명은 가장 약한 부분기능의 존속수명이 결정한다(존속수명과 같다). 그리고 부분기능을 이루는 세부기능의 활성정도와 활동기간 예측으로 전체기능의 수명을 예측한다.

존속기간을 예측하고 싶은 대상을 선정하면 :

① 대상을 명확히 정의(definition)한다.
정의 속에는 대상이 필히 지녀야 할 특성 또는 중요한 기능이 명시되고, 중요한 필수기능을 발현시키는 기능구조에 대한 제약조건이 들어가 있다.

② 대상의 정의에 명시된 주된 기능과 제약조건에 맞도록 되어 있는 기능구조를 설계해보거나 대상이 가지고 있는 기능구조를 Tree 구조의 기능구조 그래프를 작성한다. 맨 위에 주된 필수기능이 자리 잡고, 그 아래에 필수기능 각각을 발현시키는 부분기능을 배속시키고, 부분기능을 형성하는 그 아래 level의 세부기능조합을 확인한다.

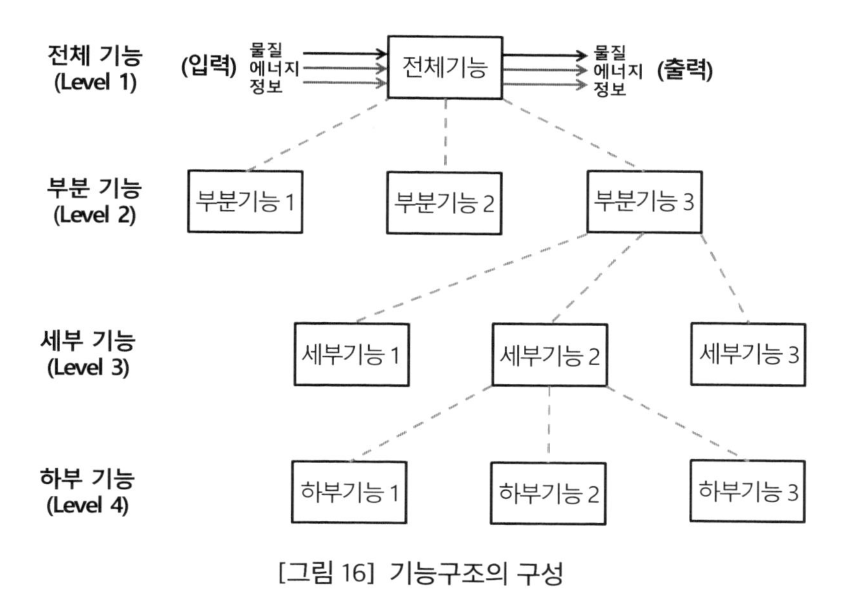

[그림 16] 기능구조의 구성

③ 기능구조 조합도가 완성되면,

ⓐ 각각의 부분기능, 세부기능, 그리고 그 아래 level의 기능들이

- 잘 작동하는지의 확인
- 언제까지 작동할 수 있는지의 확인

ⓑ 부분기능, 하부기능, 세부기능들이 작동하지 않거나, 곧 작동하지 않을 것 같을 때
- 전체기능의 유지가 가능한지 확인
- 교체나 수리로 전체기능의 유지가 가능한지 확인

ⓒ 기능들이 서로 합쳐지는 기능구조 조합의 그래프의 node에서는 기능들 사이에 충돌문제가 발생하는 것이 일반적이다. 충돌은 어느 한 기능이 좋아지면, 다른 어느 기능이 나빠지게 된다.
따라서
- 어느 한 기능이 나빠져서 전체기능이 마비될 위험의 확인
- 어느 한 기능이 좋아져서 잠재적인 어느 한 기능의 저하 요인이 되는지 확인

과 같이 기능검사를 한다. 기능구조 조합의 기능들에 대한 안전진단을 한다. 그리고 이 결과를 토대로 남아있는 기대수명을 예상할 수 있다.

배의 예를 들면, 배는 "부양성, 적재성, 이동성을 갖는 수상구조물"로 정의된다. 이 정의 속에 3개의 필수기능 - 부양성능, 적재

성능, 이동성능-이 명시되고, 수상구조물이라는 조건이 들어있다. 먼저 기능구조를 살펴보면,

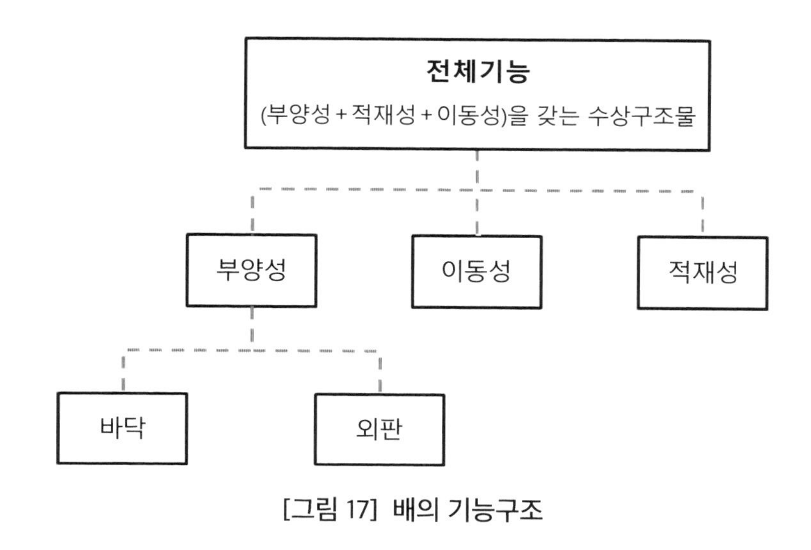

[그림 17] 배의 기능구조

배는 부양성능과 적재성능, 그리고 이동성능이 필수적인 주기능들이다. 같은 의미를 다르게 표현하면 부양성능이나, 적재성능이나, 이동성능이 작동하지 않으면 더 이상 배가 아니라는 것이다. 그리고 부양성능은 외판과 뱃바닥과 갑판에 의해 얻어진다.

외판은 같은 깊이의 수압에서 수평압을 상쇄시키고, 깊이 차이에서 얻어진 압력 차이가 부력을 발생시키기 때문이다. 그러므로 외판과 배의 바닥이 수압을 견딜 수 있는지를 확인하면서 부양성을 진단한다. 연간 평균 철판의 부식량과 부식속도를 근거로 외

판과 갑판의 부식량을 감안하고, 바다에서 받게 되는 반복적인 피로하중을 고려하여 부양성능의 안전진단을 진행한다.

적재성능과 이동성능에 대해서도 이들 성능을 발현시키는 하부기능구조에 대한 성능안전진단을 한다. 전체기능의 수명은 가장 취약한 부분의 기대수명으로 결정된다.

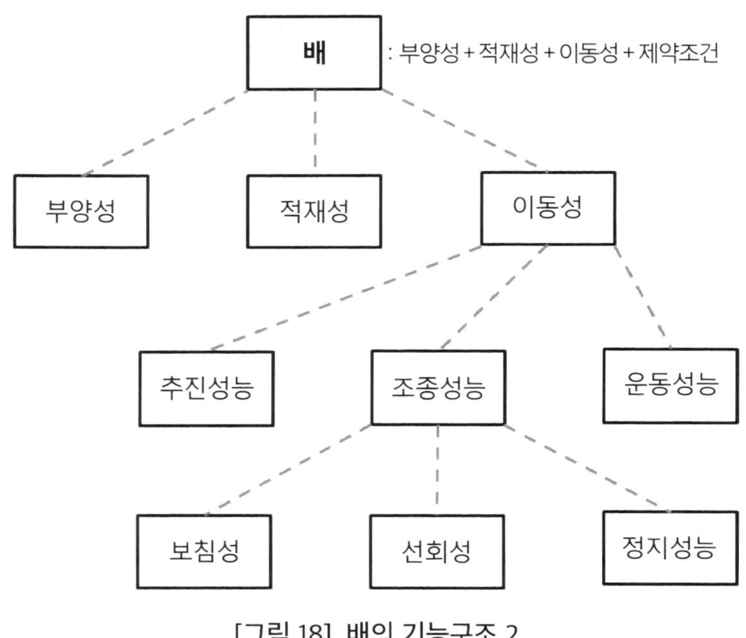

[그림 18] 배의 기능구조 2

10. 공학에서 갖는 기술과 지능, 인공지능의 의미

10-1. 기술

기술은 인간이 창조한 것으로, 자연에서 사냥이나 채집으로 얻을 수 있는 것이 아니라 실용적 목적을 위해 자원을 변형하는 능력이다. 다른 표현으로는 '환경을 지배하기 위한 수단의 창조'라고도 한다. 그리고 기술은 진화하는데 초기에서 시간이 경과할수록 기술개발의 시간이 짧아진다. 기술은 폭발적으로 발전하는 것이다.

이러한 기술의 폭발적 발전은 인간이 축적한 경험과 지식을 문자로 기록하여 간접경험으로 사용하기 때문이다. 그리고 기술이 발전함에 따라 지식을 기록하는 수단도 발전하였다.

지식의 기록은 말에서 글로, 글에서 컴퓨터의 DATE BASE로 변화하였다. 그뿐 아니라 기술의 분류가지의 다른 위치에 있는 기술들이 서로 융합되면서 상상을 초월하는 Synergy 효과가 발생한다. 간단한 예를 들어보자, 나무와 줄이 적당하게 융합되면 그 결과는 현악기가 되어 나온다. 그래서 듣는 사람에게 원래의 나무와 줄에서는 절대로 찾을 수 없는 천상의 소리를 들을 수 있게 한다. 이것은 우리에게 나무와 줄에서 상상할 수 없었던 정서적 감흥이라는 Synergy 효과를 일으킨다.

10-2. 지능

우리들 인간의 삶에서 필요로 하는 실용적 목적을 위해 자원을 변형하는 능력이 기술이다. 그리고 기술은 발전한다. 가만히 생각해 보면 기술의 발전은 지능이 하는 것이다.

생존을 위해 시간을 포함한 제한된 자원을 적합하게 사용하는 능력인데 경험과 지식을 기록할 수 있게 되면서 발전의 폭과 깊이 그리고 속도가 달라지는 것이다. 지능은 기술을 Control 한다.

지능을 정의하는 다른 표현은 무질서라고 생각되던 상황이나 상태에서 질서를 인식하는 Pattern 인식 능력이라고 할 수 있다. 그리고 이러한 지능은 외부 세계를 감지하고, 자신을 중심으로 계획하며, 이렇게 세워진 계획에 따라 실현 능력을 갖춰야 한다. 정리하면 아득한 옛날의 우리 조상들은 지능의 개발로 도구를 발명하고 언어의 도움으로 도구를 만드는 기술을 확보하였다.

우리는 문자라는 기록을 통해 시간의 제약을 벗어나서 세대에서 세대로 개발된 기술들을 전수받을 수 있게 되었다, 그리고 기술의 다른 가지에 있는 기술들을 결합하여 폭발적인 Synergy 효과를 창출할 수 있었다. 지능과 기술은 서로의 특성이 융합되어 도구의 개발을 쉽게 했다. 과학과 공학은 인간 지능의 새로운 확장으로 볼 수 있다.

공학이 사용하는 도구는 크게 기계, 장치, 장비로 구분된다.

기계는 Energy를 일로 전환하는 도구이고, 장치는 재료를 변형시키는 도구이며, 장비는 정보(신호)를 변형시키는 도구이다. 그리고 이러한 도구를 만드는 것을 기술이라고 한다. 이렇게 도구를 만들고, 이런 도구들을 사용하여 인간의 생활을 풍요롭게 전환시키는 것을 다루는 학문이 공학인데 공학의 밑바탕은 정보와 지식의 저장을 가능하게 만든 인간의 지능이다.

10-3. 인공지능

공학의 발전으로 인간의 삶을 풍요롭고 안락하게 만드는 기술의 발전이 더욱 가속화되고 이러한 환경에서는 인간의 능력을 대신하거나 초월하는 인공지능의 시대가 문을 열게 된다.

인공지능이라는 문은 열려서는 안 되는 문이면서 열릴 수밖에 없는 문이다.

인공지능(AI)은 기계가 인간처럼 생각하고 행동할 수 있게 하는 기술이어서 기계가 스스로 학습하고 적응할 수 있게 하는 알고리즘과 자원기술의 개발이 필수다.

AI의 중요기능 중 하나는 기계적 학습이다. 기계적 학습은 기계가 데이터에서 활용하고 pattern을 식별하도록 하는 기술이다. 또 다른 중요기능은 언어 처리, 컴퓨터 비전 그리고 Robot 공학이다. 자연어 처리는 기계가 인간의 언어를 이해하고 처리할 수 있게 하는 기술이고 컴퓨터 비전은 기계가 이미지와 비디오를 이해하고, 처리할 수 있게 하는 기술이며 로봇공학은 기계가 인간과 같은 작업을 수행할 수 있도록 하는 기술이다.

AI의 잠재력은 어마어마하다. AI는 우리의 삶을 보다 효율적이고 생산적이며 편리하게 할 수 있다. 그리고 새로운 문제에 대해 새로운 해결책을 제공할 수 있다.

공학의 관점에서의 인공지능을 정리해 보자.

통상 '지능이란 문제해결 능력'이라고 정의되고 있다.

그리고 문제란 현재 상태와 목표로 하는 상태 사이에 차이가 있는 것을 의미한다. 문제와 이의 해결 능력에 대한 예를 살펴보면, 지능이란 일상생활에서 발생하는 여러 가지 문제들-고장난 샤워기를 고치거나, 휴대전화에 적합한 앱을 깐다거나, 자동차를 안전하게 운전한다거나 흥정하는 등이 모두 지능의 사용 예가 된다.

그리고 인공지능이란, 인간의 지능을 기계가 갖추게 하는 것이다. 그러므로 인공지능이란 인간이 지닌 문제 해결 능력을 기계에 맡기는 것이 된다. 이를 위해서는

특히, 보고, 듣고 적합하게 대화를 할 수 있어야 한다. 문제해결에 필요한 정보의 교환에는 이러한 능력이 필수적으로 요구되기 때문이다.

인공지능 분야는 크게 볼 때, 인식과 추론 그리고 학습의 세 가지로 나뉜다.

인식이란, 우리들 인간이 가지는 보고, 듣고, 말할 수 있는 능

력이다. 다른 표현으로는 외부의 환경으로부터 인간의 활동에 필요한 정보들을 받아들이는 것이 인식이다.

추론이란, 이미 알고 있는 사실이나 명제를 토대로 결론을 이끌어내는 사고 과정이다. 알려진 사실들로부터 모르는 것을 이끌어내는 과정이다. 학습은 경험을 통해 지식, 기술, 태도를 얻는 과정이다. 학습을 통해 우리는 세상을 이해하고, 새로운 것을 만들고, 문제를 해결하는 의사 결정을 내릴 수 있다.

<기계화와 자동화 그리고 지능 로봇>

우리들 인간은 아득한 태고부터 생명체의 조건인 신진대사, 자기 정보 복제, 그리고 자가복원을 위해 전력을 다해왔다. 생존을 위한 육체노동과 정신노동이 극심했다는 의미다.

이러한 노력이 조금이라도 모자라면 그 개체는 도태되었다. 우리의 조상 중에 이러한 노동강도가 약한 자는 없었다. 우리 인간들은 기술을 획득하고, 발전시켜 왔다. 기술의 발전은 우리의 육체노동을 기계에 맡기는 것으로까지 이르렀다. 이것(육체노동을 기계에 맡기는 것)을 기계화라고 한다. 기계화가 인간의 육체노동을 건네받지만, 기계화에서도 기계의 관리(control)를 위한 정신노동은 여전히 인간이 맡아야 했다. 그러다가 기계화의 관리와 같은 인간의 정신노동마저 기계에 맡기게 되었다. 이것(기계에 인간의 정신노동을 맡기는 것)을 자동화라고 부른다. 인간의 꿈은 자동화된 인공지능체가 인간의 육체노동과 정신노동을 맡아서 처리하는 것으로 변해왔다. 이것을 지능 로봇으로 해결하려고 한다.

보고, 듣고, 말할 뿐 아니라 인간과 구분할 수 없는 로봇(Robot)을 가지는 것이 인간의 꿈이 되었다. 이 로봇은 보고, 듣고, 말하는 기본적인 토대가 되는 능력뿐 아니라 추론과 학습의 능력까지 갖춰야 한다. 로봇은 감지하고 - 계획하고 - 행동하는 기능을 갖춘 기계를 말한다.

이러한 전수 기능을 위해서는 이 로봇은 3차원 문제를 인식할 수 있고, 유연한 손을 가지며, 위치이동을 할 수 있는 발을 가져야 한다. 동시에 문자와 음성을 인식해야 한다. 그리고 이러한 능력 - 기계화, 자동화, 지능화는 우리가 일상에서 부딪치는 문제 해결을 위해서 필요하다.

이 책에서 우리는 과학과 공학을 정리하였다.

현대 공학에 힘입은 평범하면서도 중요한 공학제품의 예를 보면서 이 책을 닫자.

과학과 공학의 발달에 기반을 둔 적용 예를 보면서 과학을 바탕으로 한 공학의 성과를 살펴보자.

<예1. 철근 콘크리트 구조물>

당연하고 평범하게 보이는 철근 콘크리트 구조물은 과학과 공학의 눈부신 성과 중의 하나다.

철근 콘크리트 구조물에서 철근은 인장력이 강하고 콘크리트는 압축력이 강하며 철근과 콘크리트의 열팽창 계수가 같다는 과학적 지식을 토대로 공학적으로 적용되었다.

<예2. 냉장고, 냉동고, 에어컨 등 가전제품>

액체가 기화할 때 주변의 열을 빼앗아 간다는 기화열에 대한 과학적 지식을 토대로 공학적(과학+기술)으로 적용되었다.

B

참고: 돈의 교환 능력과 기능 평가

B. 참고: 돈의 교환 능력과 기능 평가

공학에서는 "경제성 공학"이라는 재미있는 분야가 있다.

우리가 축구선수 손흥민과 야구의 추신수 그리고 씨름의 이만기 선수를 비교해서 어떤 선수가 제일이냐고 묻는다면 대답할 수가 없다. "이런 걸 질문이라고 하느냐?"며 짜증을 낸다.

축구는 발로하는 경기여서 손이 공에 닿으면 반칙이 되고, 야구는 손으로 공을 받아야 하는 것이어서 축구처럼 했다가는 감독에게 쫓겨난다. 그리고 씨름은 사람을 잡아엎치려고 하기에 축구, 농구와는 어떤 것도 어떻게도 비교할 수가 없고, 평가할 수도 없다.

그런데도 우리는 축구와 야구와 씨름의 주요 기능들을 비교해야만 한다. 이것은 중학교에서 배운 [L, M, T]라는 길이, 질량, 시간의 기본차원을 직접 비교할 수 없는 것과 마찬가지다.

그런데 돈이 가진 위대한 기능 중 하나는 이 세상의 모든 것과 교환 능력, 교환 기능이다.

"돈은 이 세상의 모든 재화와 교환할 수 있고, 아이디어나, 정보나, 착상이나 기능들과 그 가치에 알맞게 교환할 수 있다." 이것은 공학에서 다뤄야 하는 다양한 기능들의 가치를 돈으로 환산할 수가 있고, 이러한 환산은 물리적으로 불가능한 기능 비교를 가능케 하고 있다.

그래서 [L, M, T]에서의 길이와 질량, 길이와 시간 그리고 시간과 질량 같은 직접 비교가 불가능한 특성들의 가치를 환산하고, 비교 가능케 한다. 그래서 돈이 가지는 교환 능력은 공학에서 다루는 모든 기능의 가치를 파악하고, 그 기능의 가치를 서로 비교할 수가 있다.

이 말의 의미는 엔지니어링은 평가를 계량화하여 객관적으로 다룰 수 있다는 것이 된다.

그래서 이 세상의 모든 Project를 평가할 수 있고, 이 세상의 모든 System을 경제성으로 다룰 수가 있다.

실제로 돈과 기능을 서로 교환할 수 있다는 전제로 다루기는 아주 쉽다.

"돈의 시간 가치"를 떠올려 보자. 돈은 같은 액수라도 시공간에서의 위치에 따라서 그 가치가 달라진다. 지금, 우리 손에 1,000만 원이 있고, 연간 이자율이 i%라면, 1년 뒤에 돈은 (원금 + 이자)로 변하는데, F(미래가치) = P(현재가치) * $(1+i)^n$이라는 중학생 때 배운 식으로 그 달라진 가치를 알 수 있다.

돈은 같은 액수라도 시점에 따라서 그 가치가 다르다는 것은 2년 뒤의 1억 원이 현재가치로는 1억 원이 아니라는 것을 의미한다.

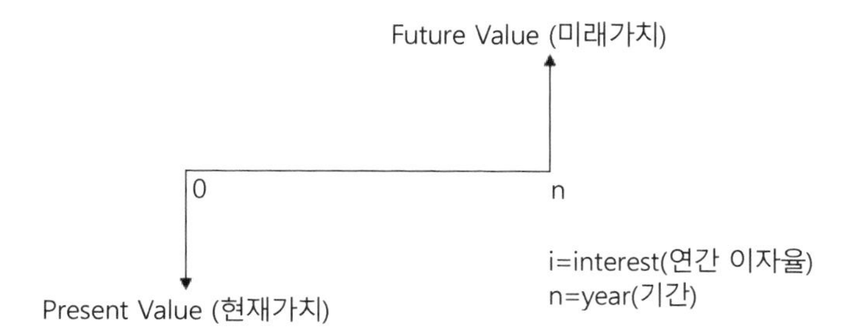

미래가치 = 현재가치 * $(1+이자율)^{기간}$

이라는 식에서 연 이자율(i)이 2%라면

미래가치 1억 원 = 현재가치 * $(1+0.02)^2$

현재가치 = 1억 원 * $(1+0.02)^{-2}$로 되어 1억 원이 되지 못한다….

그러므로 제품의 생산과 판매에서도 자본의 사용 액수는 시점과 이자율의 영향을 고려하여야 한다는 것을 알 수 있다. 우리는 돈이 지니는 교환 능력으로 제품이 가지는 기능의 가치를 평가할 수 있고, 설비의 교체를 판단하고, 교체의 최적 시점도 찾을 수가 있다. 그뿐 아니라 설비의 구매에서도 고정비와 변동비의 합산과 등가로 손익 분기점을 찾고, 설비 선택을 할 수가 있다. 이처럼 당연하고 단순하게 생각했던 돈의 교환 능력은 공업에서 필수적인 필요지식이 되어 있다.

C
용어

<가치>

$$가치 = \frac{기능}{비용}$$

<감가상각>

시간에 따라 마멸, 훼손되거나 신기술에 밀려서 가치가 하락하는 것

<기계>

에너지를 변환시키는 도구

<장치>

재료를 변형시키는 도구

<장비>

신호를 변형 시키는 도구

<기계화>
인간의 육체노동을 기계에 맡기는 것

<자동화>
인간의 노동뿐만 아니라 정신노동까지 기계에 맡기는 것

<기능>
입력과 출력 사이의 일반적인 관계

<model>
대상의 특성을 나타내는 것

<module>
독립된 기능을 갖는 구성단위요소

<virtual Realiability>
관찰자 자신의 모델을 모델 속에 넣는 것

<algorithm>
기계적 순차적 문제처리방식

<energy>
일을 할 수 있는 능력

<exergy>

energy 중 실제 일로 변할 수 있는 것

<Engineering>

(소재+설비+에너지+정보+인력)의 구성

→ 평가는

① 경제성으로

② 생산제품의 QCD로(Quality, Cost, Delivery)

<이윤>

생산에서 창출된 부가가치

4차 산업(정치) > 3차 산업(서비스, 무형재 생산) > 2차 산업(공산품, 원자재 가공을 통한 유형 제품 생산) > 1차 산업(원자재, 자연으로부터 직접 생산)

<생산>

소재를 제품으로 변환시키는 것

돈이 되는 것을 만드는 것

① 조립생산 : 제품분해가 가능한 것

② 프로세스 생산 : 제품분해가 불가능한 것

<생산성>

생산성 = $\frac{OUTPUT}{\in PUT}$

<synergy>

부분이 모여 새로운 기능이 발생하는 것이나 효과가 발생하는 것

<simulation>

모델의 거동을 관찰하는 것

<시스템>

다수의 부분들이 유기적이고 체계적으로 결합되어, 특정 목적을 위해 작동하는 것.

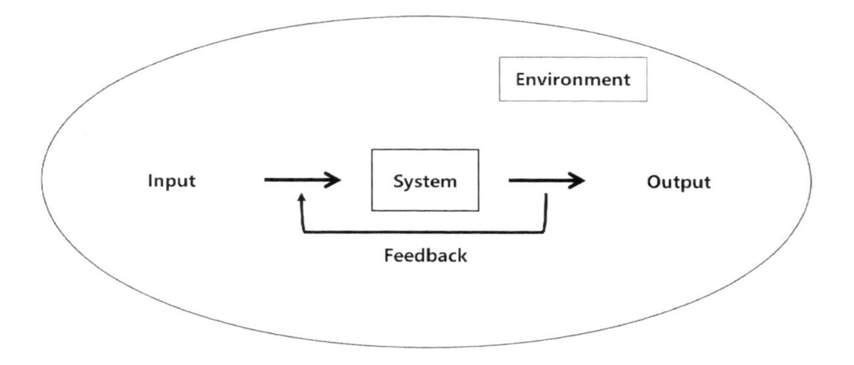

<시스템과 환경>

ⓐ 열린 시스템 : 환경과 질량&에너지 교환

ⓑ 닫힌 시스템 : 환경과 에너지 교환 - 엔트로피 증가

ⓒ 고립 시스템 : 환경과 교환 없음 - 엔트로피 증가

<효용(utility)>

인간의 욕구를 만족시키는 정도

(형태-가공, 시간이동, 공간이동)

D

참고문헌

D. 참고문헌

1. <Engineering Design>, G. Pahl, W. Beitz
2. <생산 시스템 공학>, Hitomi
3. <경제성 공학>, 범한서적
4. <아시모프 박사의 과학이야기>, 아시모프
5. <Was ist Wissenschaft?>, Walter Theimer, Francke Verlag Tübingen
6. 인공지능: Bard, google.com

공학의 의미

초판 1쇄 발행 2023년 10월 1일

지은이 정수일, 김수영

펴낸이 차정인
펴낸곳 부산대학교출판문화원
등록 제1983-000001호 1983. 11. 10.
주소 부산광역시 금정구 부산대학로63번길 2
전화 (051) 510 - 1932 ~ 3
전송 (051) 512 - 7812
E-mail pnupress@pusan.ac.kr
홈페이지 http://press.pusan.ac.kr

* 잘못된 책은 구입한 서점에서 교환해 드립니다.

정가 18,000원

ISBN 978-89-7316-779-1 03530